U0050152

植物病蟲害
防治全圖鑑

写真ですぐわかる 安心・安全 植物の病害虫 症状と防ぎ方

前言

病蟲害是栽種植物時一定會面臨的問題。

尤其是栽培蔬菜或果樹時，如果完全不使用農藥，收成的結果可能會差強人意。但基於飲食上的安全考量，很多人還是希望能少用一點農藥，或是盡可能採用噴灑藥劑以外的方法，而達到防治病蟲害的目的。例如，一開始栽種時就選擇抵抗力較強的品種和嫁接苗；使用防蟲網或包膜、套袋、混植等技巧；培育當地原本就有的植物等，透過這些方法降低病蟲害的發生率，把用藥的頻率減到最低。

請各位在日常的管理上多用點心，並且依照植物的需求正確使用藥劑。只要用法正確，大家大可不必對農藥避之唯恐不及，而且現在市面上也推出許多以天然成分製成的種類。

希望透過本書，能讓各位更加安心地享受收成之樂，每年也能順利培育出賞心悅目的花朵，替生活增添更多的趣味。

Contents

Contents

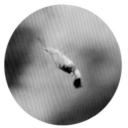

Part 4 絕對安心又安全！
農藥的種類和使用方法

本書的閱讀方式

本書穿插大量的彩色照片，目的除了讓讀者清楚了解植物病蟲害的原因，也能迅速掌握對應方式以及日常管理對策等。

葉斑病

▶P40下

發生時期 4～10月

是由葉埋盤菌引起的葉斑病。葉片上出現黑褐色的圓形斑點，斑點周圍則呈紅色，最後會擴及整片葉子。隨著症狀惡化，會開始落葉，樹木的生長情況也愈來愈差。

Part3中各種植物的病蟲害症狀與對策，可以對照▶P○○的內容。如果病蟲害的名稱有所出入時，表示本書列舉的是包含特定種類的大類項，只要翻到標示的頁數，即可閱讀對策等資訊。

發生時期

（月）

1	2	3	4	5	6	7	8	9	10	11	12

■ 發生時期　■ 預防時期　■ 驅除時期

在各種疾病與害蟲的介紹中，都有標示發生時期的月分，請特別注意何時會發生，才能做好預防工作。另外也以不同的顏色區分「宜噴灑藥劑、捕殺害蟲、拔除受害植物的預防時期和驅除時期」等資訊。但因不同地區的氣候環境有所差異，時間管理請參酌台灣的情況而定。

※本書中的農藥資訊，是以2017年4月行政院農委會「農業藥物毒物試驗所」網站的資訊為依據，將原書內容修正而成；若是台灣沒有的產品類型，則保留原文並提供可替代的產品資訊，以供各位參酌使用。

序章

— 植物哪裡有問題？ —

病蟲害症狀
一目瞭然

出現這樣的症狀時
表示病蟲害已經發生

養成每天觀察植物的習慣，才有機會在第一時間發現植物的異常狀況。但是，若沒有掌握觀察的重點，即使問題已經發生了，也不容易察覺。所謂「事出必有因」，能夠事先了解各個部位可能會出現哪些被害情況以及出現哪些症狀非常重要。

依照各個發生部位，分辨症狀

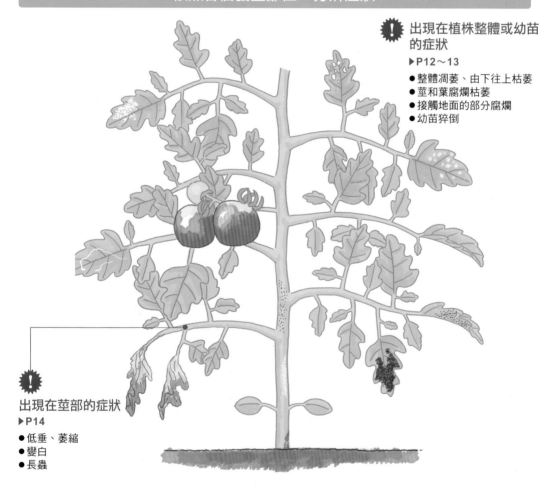

！出現在植株整體或幼苗的症狀
▶P12～13
● 整體凋萎、由下往上枯萎
● 莖和葉腐爛枯萎
● 接觸地面的部分腐爛
● 幼苗猝倒

！出現在莖部的症狀
▶P14
● 低垂、萎縮
● 變白
● 長蟲

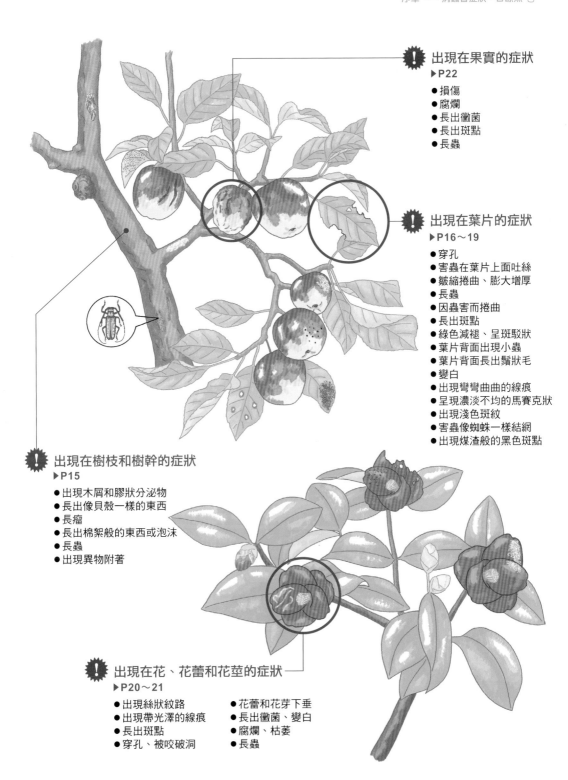

！出現在果實的症狀
▶P22

- ●損傷
- ●腐爛
- ●長出黴菌
- ●長出斑點
- ●長蟲

！出現在葉片的症狀
▶P16〜19

- ●穿孔
- ●害蟲在葉片上面吐絲
- ●皺縮捲曲、膨大增厚
- ●長蟲
- ●因蟲害而捲曲
- ●長出斑點
- ●綠色減褪、呈斑駁狀
- ●葉片背面出現小蟲
- ●葉片背面長出鬚狀毛
- ●變白
- ●出現彎彎曲曲的線痕
- ●呈現濃淡不均的馬賽克狀
- ●出現淺色斑紋
- ●害蟲像蜘蛛一樣結網
- ●出現煤渣般的黑色斑點

！出現在樹枝和樹幹的症狀
▶P15

- ●出現木屑和膠狀分泌物
- ●長出像貝殼一樣的東西
- ●長瘤
- ●長出棉絮般的東西或泡沫
- ●長蟲
- ●出現異物附著

！出現在花、花蕾和花莖的症狀
▶P20〜21

- ●出現絲狀紋路
- ●出現帶光澤的線痕
- ●長出斑點
- ●穿孔、被咬破洞
- ●花蕾和花芽下垂
- ●長出黴菌、變白
- ●腐爛、枯萎
- ●長蟲

11

不要忽視這些徵兆

出現在植株整體或苗的症狀

植株整體枯萎、由下往上逐漸枯萎、腐爛、幼苗猝倒等都是病蟲害發生的徵兆。
請由這些明顯的徵兆下手，找出發病的原因吧。

植株整體凋萎、由下往上逐漸枯萎

根腐病

葉色變黃，並且枯萎、掉落。症狀繼續惡化的話，會整株枯死。

蔓割病

白天時葉片就像缺水般變得萎縮，到了傍晚又恢復成綠色。如此情形反覆出現一段時間後，從下葉開始黃化、枯萎。

根瘤線蟲 ▶P65上

1 植株整體枯萎，若拔下來一看，會看到根部長出瘤。
2 根部長出許多大小不一的瘤。這些寄生於根部的瘤，會阻礙植株生長。

白絹病 ▶P33下

植株接觸地面的部分和周圍的地面，會被宛如白線的菌絲覆蓋，雖然沒有倒下，卻出現腐爛、枯萎等情況。

莖和葉腐爛枯萎

疫病
▶P27

莖葉腐爛且轉為暗褐色後枯萎。腐爛的部分會長出白色黴菌。

圖為孔雀仙人掌。長出水浸狀病斑，腐爛後枯萎。

接觸地面的部分腐爛

軟腐病

▶P46

植株接觸地面的部分像溶化般腐爛,並發出惡臭。

圖為白菜。接近地面的外葉和葉梗長出暗褐色的病斑。

菌核病 ▶P29下

接觸地面的部分轉為褐色,長出有如白色棉絮的黴菌,並且腐爛。

灰黴病

▶P39上

靠近植株底部的莖發黑變色,長出灰色的黴菌,並且腐爛。

幼苗猝倒

苗立枯病 ▶P35

地面部分的莖在生長初期變細、倒伏。

圖為紫羅蘭。發病於剛冒出新芽和只長出本葉2~3片的時候。

切根蟲 ▶P67上

剛種下的苗株和發芽的苗株,底部被害蟲咬斷而倒地。

剛發芽的無蔓性菜豆,從接觸地面處被害蟲啃咬。

不要忽視這些
徵兆

出現在莖部的症狀

莖部萎縮乾枯，表面出現小蟲或啃食內部等，都是不可忽視的徵兆。

低垂、萎縮

青枯病
▶P42

原本健康的植株突然萎縮，幾天之後就會乾枯，根部也腐爛。

菊虎
▶P60

害蟲為了產卵會破壞莖部，造成水分無法送達上端，因而枯萎。

變白

白粉病
▶P28

長出粉狀的黴菌，嚴重的話，全體都會被黴菌覆蓋。

介殼蟲類
▶P59

長出成塊的白色棉狀物。植物汁液因被害蟲吸取，發育情形也隨之惡化。

長蟲

蚜蟲類
▶P56

春季到秋季之際，紅褐色和淡綠色的小蟲會吸附在植物上吸汁，妨礙植物的發育。

椿象類　▶P61上

1 體型、大小、體色和花紋各異的害蟲，共通的特徵是會釋出異臭。牠們會吸附在植物上吸汁，造成植物的發育衰弱。

2 圖為附著在胡枝子的圓椿象。體型渾圓，以豆科植物的汁液為食。

蝙蛾科的幼蟲

把莖咬出破洞，啃食成隧道狀。會影響植物的發育，甚至導致枯萎。

出現在樹枝和樹幹的症狀

出現膠狀分泌物和木屑、變得黏答答、長出類似貝殼的東西等。
只要發現樹上有東西附著，就要立刻著手處理。

出現木屑和膠狀分泌物

透翅蛾

▶P37下

受害的部位是樹皮的正下方。從植物受害的部位會流出糞便和膠狀分泌物。削掉樹皮的話，可發現裡面的幼蟲。

天牛類

▶P60

幼蟲潛藏在樹幹裡啃食，所以小洞會產生木屑。

長出像貝殼一樣的東西

介殼蟲類

▶P59

體表覆蓋著形同貝殼狀的厚殼和蠟狀物質。

長瘤

瘤病

▶P44

長出許許多多大小不一的瘤，而且逐漸變大。

長出棉絮般的東西或泡沫

碧蛾蠟蟬　▶P54上

體表覆蓋著白色棉絮狀的分泌物，會依附在新梢等處吸汁。

沫蟬類　▶P57上

在枝葉的根部製造白色泡沫，藏身於其中的幼蟲以吸取汁液為食。

長蟲

大透翅天蛾

淡綠色的毛蟲，食欲旺盛，甚至會把樹木啃得光禿禿。

鳳蝶　▶P55上

毛蟲狀的幼蟲，會在枝頭上一邊移動一邊啃食葉片。

出現異物附著

蓑蛾類

▶P73上

幼蟲以小樹枝和樹葉築成巢，躲在裡面啃食而越冬。

黃刺蛾的繭

▶P57下

冬天時在樹木的根部等處，製造出宛如鵪鶉蛋般的繭。

出現在葉片的症狀

若是發現葉片出現皺縮捲曲、穿孔、變白等異常現象，表示病變正持續進行。
日常觀察時，不要錯過這些顯而易見的徵兆。

穿孔

綠毛蟲
▶P54下

紋白蝶的幼蟲會啃光葉片，只留下葉脈部分。

金龜子類
▶P63上

飛來的成蟲會將葉子啃成網狀，最後一葉不剩，只留下葉脈。

金花蟲類
▶P70下

以葉為食，在日文中稱為「葉蟲」。種類很多，習性也各不相同。

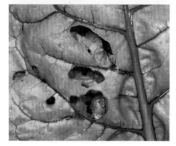

夜盜蟲類
▶P74

通常在夜間活動，啃食葉片，白天則潛藏在葉片背面或土中。

害蟲在葉片上面吐絲

黃楊木蛾
▶P73下

新葉是主要的受害對象。幼蟲會吐絲築巢，把它當作棲身之所。

紫蘇野螟
▶P73下

害蟲會吐絲並把葉片捲起築巢，然後藏身其中，啃食葉片。受害部分會轉為茶色。

皺縮捲曲、膨大增厚

縮葉病 ▶P32

新葉的綠色部分會轉為紅色和黃色，而且像被火燒過後捲曲或膨脹。

餅病

茶樹的常見病害之一，常稱為「茶餅病」。新葉鼓起成袋狀，上面還覆蓋著白粉，最後會乾燥、萎縮。

長蟲

茶毒蛾 ▶P66下

牠們習慣聚集在葉片背面排成一整列後啃食葉片，
只會留下葉脈，其餘幾乎啃得一絲不剩。

刺蛾類

▶P57下

幼蟲具備顯眼的棘
狀突起，習慣群聚
在葉片背面啃食。

粉蝨

▶P63下

體型迷你的成蟲具
備白色翅膀，一搖
晃植物時，牠們便
會成群揚起，宛如
漫天的粉塵。

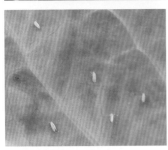

葉蜂類

▶P69

幼蟲會集體從葉緣
啃食葉片，但隨著
成長會逐漸變成獨
立行動。

擬瓢蟲

▶P66上

外表有許多黑點
的瓢蟲，會把葉
片啃成網狀。

負蝗

隨著發育成長，
食量會增加。如
果數量很多時，
葉子會被啃得一
乾二淨。

尺蠖

▶P64上

成群出沒的機率
不高，但幼蟲的
食量會隨著成長
而增加，造成的
損害也倍增。

因蟲害而捲曲

捲葉蟲類 ▶P70上

展開被捲起來的葉子一看，會發現裡面有毛蟲狀
的幼蟲。

長出斑點

露菌病

▶P40

葉片出現角狀的斑點，隨著病情加劇，會從下葉開始枯萎。

炭疽病　▶P36

長出褐色的圓形斑點，隨著葉片老化，病斑會出現破洞。

黑星病

▶P40下

長出黑褐色的圓形斑點，接著發生落葉。樹木的生長狀況也變得衰弱。

葉斑病

▶P40下

新葉長出許多圓形的小斑點，接著斑點會擴及到整個葉面。

綠色減褪、呈斑駁狀

葉蟎類

▶P68

聚集在葉片背面吸汁，被吸食的部位上，原本的綠色會消褪，轉為白色斑點。

軍配蟲

▶P61

成蟲和幼蟲皆聚集在葉片背面吸汁，造成曬傷似的痕跡，並提早落葉。

葉片背面出現小蟲

蚜蟲類

▶P56

不單是吸取植物的汁液、阻礙發育，也會成為感染煤煙病與病毒性疾病的媒介。

葉片背面長出鬚狀毛

赤星病

葉片表面出現橘色的圓形斑點，背面長出鬚狀的毛。

變白

白粉病 ▶P28

葉片上長出粉狀的白色黴菌，黴菌會逐漸覆蓋整片葉子。

介殼蟲類 ▶P59

出現白色塊狀物，而且黏膩的排泄物會誘發煤煙病。

出現彎彎曲曲的線痕

潛葉蠅 ▶P71下

葉片上出現有如畫上去的扭曲白色線痕。

柑橘潛葉蛾 ▶P71上

害蟲會潛入葉肉中啃食，並在葉面上留下有如繪畫般的線痕。

呈現濃淡不均的馬賽克狀

嵌紋病（花葉病）▶P49

沿著葉脈出現條紋和濃淡不均的馬賽克紋路，植物的成長發育也受到阻礙。

出現淺色斑紋

黃斑病 ▶P48、P49

出現輪廓模糊的黃白色紋路，而且會逐漸擴及到全葉。

害蟲像蜘蛛一樣結網

葉蟎類 ▶P68

小蟲就像蜘蛛一樣在葉片上吐絲結網。

出現煤渣般的黑色斑點

煤煙病 ▶P33上

出現黑色的圓形斑點，最後葉面被宛如煤渣的黴菌完全覆蓋。

出現在花、花蕾和花莖的症狀

花瓣穿孔、出現斑點或條紋，或是無法開花、甚至腐爛，都是特別醒目的徵兆。

出現絲狀紋路

嵌紋病（花葉病）
▶P49
花瓣上出現絲狀斑紋或不規則紋路。花也開得比較小。

出現帶光澤的線痕

瓦倫西亞列蛞蝓
▶P67下
蛞蝓爬行過的路徑形成發亮的紋路。

長出斑點

灰黴病 ▶P39上

1 圖為圓三色菫。花瓣出現白斑，之後會長出黴菌。
2 圖為矮牽牛。可以看出花瓣褪色，明顯受損。
3 圖為蝦脊蘭。花瓣出現褐色斑點，隨著症狀的惡化，還會長出黴菌。

穿孔、被咬破洞

黑守瓜
▶P70下
成蟲不斷飛來啃食，把花瓣咬得到處都是破洞。

尺蠖
▶P64上
害蟲是靠著蜷縮的身體蠕動，蠶食長得飽滿的花蕾。

花蕾和花芽下垂

軟腐病
▶P46上
花芽變軟，像是溶解般腐爛，並發出惡臭。

象鼻蟲類
▶P65下
開始結花蕾時，花梗會呈現發黑、萎縮、低垂的模樣。

長出黴菌、變白

白粉病

▶P28

花梗上長出薄薄一層的白色黴菌，最後會完全被覆蓋。

灰黴病

▶P39上

初期的症狀類似白粉病，如果環境變潮濕的話，會長出灰色的黴菌。

腐爛、枯萎

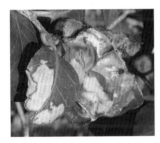

菌核病

▶P29下

開花前，花瓣上長出白色和褐色的斑點，然後不開花直接腐爛。

薊馬類

▶P55下

害蟲從開花前的花蕾入侵，造成花朵轉為褐色並且萎縮。

灰黴病

▶P39上

花瓣上出現小斑點，然後轉為茶色後枯萎。

長蟲

蚜蟲類

▶P56

蚜蟲的危害始於有翅膀的蚜蟲飛來後，迅速地繁殖幼蟲。

金花蟲類

▶P70下

帶有金屬般的光澤，體型稍大的金花蟲會啃食花和葉。

夜盜蟲類 ▶P74

1 圖為夜盜蛾。成長後的幼蟲除了啃食葉片，也以花和花蕾為食。

2 圖為斜紋夜盜蟲。幼蟲分散後會啃食花和花蕾。

番茄夜蛾 ▶P58

除了薔薇科和菊科植物，牠們也會侵入其他各種植物，啃食其內部。

不要忽視這些
徵兆

出現在果實的症狀

果實如果長出白色黴菌、黑色斑點或被害蟲啃食，就無法收成。
請勿錯過以下徵兆，及早做出適當的處理吧。

損傷

茶細蟎

▶P72

果實表面和果蒂上出現褐色傷痕，表皮也變得粗糙不堪。

腐爛

炭疽病

▶P36上

出現凹陷的褐色斑點，之後會腐爛、落果。

長出黴菌

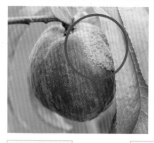

褐腐病

▶P39下

成熟的果實長出淡褐色的病斑，之後會被灰褐色的黴菌覆蓋。

白粉病　▶P28

長出白色的粉狀黴菌，最後果實完全都被黴菌覆蓋。

灰黴病　▶P39上

一開始轉為褐色、果實軟化，後來長出灰色的黴菌後腐爛。

長出斑點

潰瘍病

▶P43上

長出淡黃色的痂皮狀斑點。主要是發作於柑橘類的疾病。

黑星病　▶P40下

果實稍微長大的時候，長出偏黑的圓形斑點。

黑痘病

葡萄的疾病。表面會長出有如鳥眼狀的暗褐色斑點。

長蟲

番茄夜蛾

▶P58

夜蛾入侵果實內部啃食，造成果實可能無法收成。

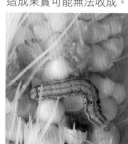

金龜子類

▶P63上

除了啃食花和葉，成蟲會不斷飛來啃食果實。

22

Part 1
― 植物為什麼生病？ ―
「疾病」的種類
與防治對策

預防疾病的重點

雖然「疾病」與「蟲害」一律統稱為「病蟲害」，不過疾病（由真菌、細菌、病毒引起的傳染病）和害蟲的處理方式並不相同。有些害蟲所引起的問題是，牠們會成為疾病的媒介，所以在驅除害蟲的同時，也可以達到消除疾病的效果。前提是一定要對症下藥，及時做出適當的處理。

防治病蟲害的基本對策是，打造不容易孳生害蟲和疾病的環境，讓植物能夠健康生長。針對病原偏好的環境條件進行改善，就可以達到事半功倍的效果。

1 ▶ 改善排水、通風和日照環境

一般而言，梅雨季等潮濕的季節是發病機率最高的時期；尤其是排水不佳、隨時處於潮濕的環境，更容易淪為疾病孳生的溫床。

大多數的植物都適合生長在排水性佳的土壤，所以，稍微花點工夫，避免水分囤積是照護基本。例如，選擇排水性強的腐葉土或泥炭土，先翻鬆土壤，以改良土質，或者是種植時把土堆高一點。

另外，避免密植，保持良好的通風也很重要。良好的通風和低濕度，可有效抑制病原菌的活動。定期進行疏苗、整枝、修剪等，除了可以幫助通風外，日照自然也會很充足。有充足的日照不僅可確保光合作用的進行，更能有效讓植株順利生長，提高對疾病的抵抗力。

2 ▶ 栽培抗病性強的品種

某些植物（包括蔬菜等）經過品種改良，對疾病的抵抗力更強。選擇「抗病性品種」栽培，可以減少發病的機率，降低損害。

3 ▶ 利用嫁接苗

受到土壤的病原菌感染而發病的蔓割病和青枯病，如果改用嫁接苗栽培，可以大幅降低發病的機率，甚至連續栽作也不是問題。

此外，購買植物或苗株時，挑選健全的植株是很重要的原則。蔬菜和草花類在日文中稱為「苗半作」，意思就是指日後的生長取決於苗的狀態。所以一定要避開徒長、軟弱的苗株，選擇沒有病蟲害、節間紮實強健的苗株。

在曬得到陽光、通風良好的地方，生長的植物都顯得欣欣向榮。

種植抗病性較弱的蔬菜時，不妨選擇嫁接苗。

4 ▶ 清除已經染病的植株

一旦發現植株染病後，迅速燒掉已感染的植株是防治疾病的基本原則。因為染病的植物不可能不藥而癒，最好的處置方式就是盡快燒毀，不要久留，避免病情蔓延。

迅速清除已經染病的植株。

5 ▶ 疾病可分為三大種類

一般把植物的傳染病稱為「疾病」，根據來源，大致可分為「真菌（黴菌）疾病、細菌疾病、病毒疾病」三大類。日常中只要確實做到改善排水、保持良好的通風和充足日照、避免莖葉過度茂密，就能改善上述三種疾病。當染病時，很重要的是避免病情持續擴大，所以首先要剪除已發病的植株，再噴灑殺菌劑。

❶ 被真菌感染所引起的疾病

由真菌引起的疾病種類最多。代表性疾病包括：露菌病、疫病、白粉病、灰黴病、白絹病、立枯病、銹病等。除了白粉病，其他疾病都好發於高溫潮濕的時期。孢子會隨著風和昆蟲的移動而擴散，也會跟著雨水和澆水時濺起的泥漿傳播出去，一旦發病時，植物的表面會附著真菌和孢子。建議平時便養成防治的習慣，如果發病了，就立刻噴灑殺菌劑，防止病情擴大。

部分葉片已出現白粉病症狀的小黃瓜

❷ 被細菌感染所引起的疾病

代表性疾病包括：軟腐病、青枯病、細菌性斑點病、瘤病等。細菌會從植物的傷口或氣孔等開口處入侵，造成植物軟化、腐敗，在葉子等處製造病斑。好發於連續栽作或排水性欠佳的土壤。幾乎沒有藥劑能夠發揮效果，因此請謹記「預防勝於治療」。

出現病斑的葉子通通都要摘除。

❸ 被病毒感染所引起的疾病

葉片或花瓣的顏色會變得呈馬賽克狀，葉片和莖會變黃、萎縮，還有葉子、花和果實會產生畸形。病毒性疾病的起因是，植物在被寄生的蚜蟲或薊馬吸取汁液時受到感染。另外，接觸過染病植物的手或剪刀，若是再去接觸正常健康的植物，也會造成感染。病毒會在細胞內繁殖，一旦發病就無法使用藥劑治療，為了避免殃及其他植株，唯一的方法就是銷毀染病的植株。因此最根本的解決之道是做好預防工作。

剪除葉片後，噴灑殺菌劑以防止病情擴散。

真菌（黴菌）性疾病

在各種植物的疾病當中，由真菌引起的種類占最多數。
包括白粉病、灰黴病、白絹病等，真菌和孢子會附著在病斑的表面。

萎凋病

萎凋病・半身萎凋病

1 萎凋病發病後，首先從下葉開始轉黃、枯萎，最後逐漸擴大到全體。根部也會變成褐色並且腐爛。

2 半身萎凋病發病後，葉子的一半會變成黃色，莖也只有一邊會枯萎，因此得名。但如果症狀持續惡化，最後整株都會枯萎。

半身萎凋病

發病時期

（月）

1	2	3	4	5	6	7	8	9	10	11	12

━━ 發病時期　━━ 預防時期　━━ 驅除時期

是什麼樣的疾病？

這兩種疾病皆起因於潛藏於土壤中的病原菌入侵根部前端，位在莖內部讓水分通過的導管受到入侵後，水分受阻而無法上升。因此根部會變成褐色、腐爛，葉片則枯萎，最後整株都會枯萎。

容易發病的部位

葉、根、植株全體

容易感染的植物

萎凋病：菠菜、白蘿蔔、番茄、蔥、甜菜、紫菀等；**半身萎凋病**：小黃瓜、茄子、菊花、桔梗等。

🏥 防治對策

萎凋病好發於夏季高溫之際，尤其是地表處於高溫時更容易發病。半身萎凋病會從氣溫稍降時，災情便陸續擴大。不論感染了兩者中的哪一種，治療都很困難，因為病原菌會殘留於土中長達好幾年。所以為了抑制病原菌的繁殖，必須施以完熟堆肥，避免連續栽作，拔除與燒毀發病的植株，以免其他植物也遭受感染。同時，發病植株的周圍土壤也必須一併清除，不可再度使用。

💊 藥品對策

萎凋病	利用殺菌劑對土壤消毒，可得到不錯的效果。如果種植的是番茄，施用免賴得殺菌劑。甜菜、紫羅蘭、魯冰花、康乃馨等草花，則用甲基多保淨或蓋普丹灌注土壤。
半身萎凋病	菊花、美人蕉、魯冰花等草花，用甲基多保淨或蓋普丹等殺菌劑灌注土壤消毒。茄子在發病初期，可以施用免賴得。

疫病

1 發病於果實和莖葉，症狀是長出輪廓模糊、形狀不規則的暗褐色病斑，不久之後就會腐爛，長出白色黴菌。
2 很多植物都可能感染疫病。此傳染病的感染力很強，會造成嚴重的損害，請務必提高警覺。若是莖部受到感染，枯萎的情況會從患部往上延伸；如果從地面土壤處入侵，整株植物都會倒伏枯萎。

發病時期

(月)

1	2	3	4	5	6	7	8	9	10	11	12

━━ 發病時期　━━ 預防時期　━━ 驅除時期

是什麼樣的疾病？

首先，葉片會長出水浸狀斑點，接著逐漸擴展為大範圍的病斑，長出白色黴菌。在茄子或橘子果實上長出有如燙傷般病斑的晚疫病，同樣也是由疫病菌所引起。

容易發病的部位

葉、莖、根、果實

容易感染的植物

日日春、芍藥、銀蓮花、嘉德麗亞蘭、牡丹、玫瑰、無花果、柑橘類、番茄、小黃瓜、馬鈴薯、茄子等。

🏥 防治對策

病原菌潛藏於土壤之中，藉由雨水或澆水時的飛濺泥水感染植物，所以每逢梅雨季或夏秋等多雨季節時，因濕度較高需要特別提防。尤其好發於排水差、地面有水分囤積的環境，所以除了要選擇排水性佳的土壤種植之外，也要在植株基部鋪上稻草或銀黑色塑膠布，以防泥水潑濺。已發病的植物和種植處的土壤必須及早移除丟棄。若是栽培在盆栽裡，記得移到有遮簷的走廊處等不會被雨水淋到的場所。

💊 藥品對策

病情若持續擴大，即使施以藥劑治療，效果也相當有限。最好是一進入雨季時，便先噴灑藥劑，做好預防的工作。以一般草花植物而言，可在定植時和生育期時，於植株周圍的土壤表面撒下滅達樂。番茄和馬鈴薯的話，則噴灑四氯異苯腈和鋅錳乃浦（本書原文為：ビスダイセン水懸劑，台灣無此產品，而以鋅錳乃浦的作用最為類似）。至於柑橘類的晚疫病，適合在發病初期噴灑波爾多液。

白粉病

相較於大多數好發於高濕環境下的疾病，白粉病最大的特徵是容易發病在雨量少、比較涼爽、乾燥之處。發病期多集中在初夏和初秋，疫情在高溫的盛夏會得到控制。

白色的粉狀物是孢子，是疾病蔓延的傳染源。染病的葉片必須立刻摘除，摘除後還要噴灑殺菌劑。

置之不理的話……

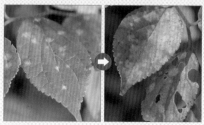

一開始會長出像撒上麵粉的白色斑點，最後整片葉子都會被白色黴菌覆蓋。

發病時期

(月)

1	2	3	4	5	6	7	8	9	10	11	12

■ 發病時期　■ 預防時期　■ 驅除時期

是什麼樣的疾病？

新芽、嫩葉、嫩莖會長出白色黴菌，像是被撒上麵粉。如果病情持續擴大，整體都會被白色黴菌覆蓋，葉片也會扭曲變形，嚴重影響生長。必須趁早處理。

容易發病的部位

新芽、莖、葉、花、蕾

容易感染的植物

菊花、波斯菊、大麗菊、繡球花、鐵線蓮、百日紅、玫瑰、大花山茱萸、草莓、豌豆、番茄、南瓜、小黃瓜等。

🧰 防治對策

避免密植，種植時保持足夠的間距，並且定期修剪交纏的枝葉，以保持良好的通風。發病的植株、受損的葉片與因染病而掉落的葉片等，若置之不理，會成為感染源，所以必須及早清除，防止傳染範圍擴大。另外，施以過量的氮肥也容易導致發病，不可不慎。在瓜類作物和玫瑰等中，有些品種對白粉病的抵抗力強，不妨加以挑選。

💊 藥品對策

若病情持續惡化下去，當葉子發生變形或黃化，表示該部位已經回天乏術。唯有在剛開始長出薄薄的一層黴菌時使用藥劑才有意義。噴灑時連葉子的背面也不可錯過。草莓、番茄、小黃瓜、茄子可以使用邁克尼，其他各類蔬菜、香草植物和一般草花則使用ベニカマイルドスプレー（台灣無類似產品，建議可用糖醋精替代）等藥劑。

枝枯病

樹枝的切口或接枝的接口處如果被害蟲啃咬出傷口，可能就會成為病原菌侵害的入口。

發病時期

（月）

1	2	3	4	5	6	7	8	9	10	11	12
				■	■	■	■	■	■		
			■	■	■	■	■	■	■		■

■ 發病時期　　■ 預防時期　　■ 驅除時期

是什麼樣的疾病？

莖和枝條被逐漸擴大的褐色和黑褐色斑點包覆。比病斑所在位置還高的枝葉會枯萎。

容易發病的部位　枝、莖

容易感染的植物

松樹類、檜木、杉樹、梅、紫荊、玫瑰、梨、桃等。

🏥 防治對策

染病的枝條會成為傳染源，所以一旦發現枝條出現病變，必須立刻切除、燒毀。到了冬天要切除所有的枯枝，以防成為隔年春天的感染源頭。在日照不足或通風不良的環境下特別容易發生，必須定期修剪，以免枝葉過於茂密。

💊 藥品對策

好發於庭木、花木和果樹。在新梢長出的季節，定期噴灑免賴得殺菌劑，以達到預防的功效。

菌核病

🏥 防治對策

若是植株或莖已經發病，必須在菌核長出前，切除丟棄。除了避免連續栽作、保持適當的間距之外，也要定期修剪長得過於茂密的枝葉，保持良好的通風和排水。氮肥的施予是否得宜也是關鍵。澆水時要澆在植株底部，不要直接澆在花上。

💊 藥品對策

此病好發於蔬菜和草花。發病初期時，可噴灑甲基多保淨或免賴得等適合該種植物使用的殺菌劑。

菌核病有時也會發病於果實，圖為染病的小黃瓜。長在花上的病斑會生出白色黴菌，果實也會腐爛。

發病時期

（月）

1	2	3	4	5	6	7	8	9	10	11	12
		■	■	■	■			■	■	■	
	■	■	■	■	■		■	■	■	■	■

■ 發病時期　　■ 預防時期　　■ 驅除時期

是什麼樣的疾病？

一開始植物會像被水分滲入般軟化，病斑部會從褐色變成黑色，不久後會長出白色的黴菌。

容易發病的部位　葉、莖等

容易感染的植物

水仙、唐菖蒲、金魚草、小黃瓜、茄子、山茶花、瑞香花等。

基腐病

1 染病的植物葉子一般會從外側逐漸黃化。一旦受到病原菌感染，即使將球根掘起，病情還是會繼續惡化，最後乾枯成木乃伊，連子球也難以倖免。

2 挑選健全的球根，避免挑到已經長出黴菌或病斑的個體。

圖為已染病的馬鈴薯。表面會長出凹陷的病斑，即使病斑乾燥了，也不會軟化腐敗。有可能是因收成過程中受損而造成，所以挖掘時要特別留意。

發病時期 （例·鬱金香） （月）

1	2	3	4	5	6	7	8	9	10	11	12

種植球根之前

■ 發病時期　■ 預防時期　■ 驅除時期

是什麼樣的疾病？

兩者都是發病於鬱金香、小蒼蘭、百合等球根植物的傳染病。起因是球根、莖、塊莖和鱗莖等被土壤中的菌絲侵襲，導致莖葉產生黃化、枯萎的疾病。

容易發病的部位

根、球根、莖、葉

容易感染的植物

鬱金香、唐菖蒲、水仙、百合、番紅花、小蒼蘭、蓮花、馬鈴薯、洋蔥、芋頭、韭菜等。

✚ 防治對策

購買球根時，記得避開表面已長出褐色斑點、長出黴菌、有部分腐爛的個體。發現植株發病時，要連同球根將周圍的土壤一併挖起來丟棄。因為病原菌會殘留於土壤中，如果使用曾經染病的土壤再度栽培植物，疾病就會再次發生，所以必須用殺菌劑消毒挖掘過的部位。除了替花盆更換新土，也要焚燒染病土壤。已發病的球根不可再用來分切繁殖。

💊 藥品對策

如果是栽培鬱金香或洋蔥苗，可以先把球根浸泡在免賴得殺菌劑再種植。

銹病

斑點稍微隆起，表皮破裂後，橙黃色的粉狀孢子會從裡面噴出，感染周圍。

發病時期

												(月)
1	2	3	4	5	6	7	8	9	10	11	12

■ 發病時期　　預防時期　　驅除時期

是什麼樣的疾病？

葉片的正面和背面會出現許多橙色的斑點，有如生鏽的模樣。頻繁發病的話，將不利於生長。

容易發病的部位　葉

容易感染的植物

玫瑰、鐵線蓮、石竹、芍藥、蔥、洋蔥、韭菜、梅、葡萄等。

🏥 防治對策

蔬菜和草花要避免連續栽作。保持通風良好，不讓枝葉彼此交纏，就能健康地生長下去。施肥量要控制得宜，也可順便達到防止雨水噴濺的效果。遇到發病的植株要及早清除，不能讓它一直留在原處。

💊 藥品對策

若是錯過時機，即使噴灑藥劑也沒有效果。一開始長出小斑點時，可用鋅錳乃浦等適合該種植物使用的殺菌劑。

🏥 防治對策

植株之間必須保持充足的間隔，以維持良好的日照和通風。枯萎的落葉中的病原菌也會成為感染源，所以除了病變的葉子外，連落葉也要一併及早清除。十字花科蔬菜不要連續栽作，用塑膠布覆蓋土壤表面，可以防止泥水在下雨時飛濺。

💊 藥品對策

菊花類在發病初期可使用百滅寧，十字花科蔬菜可用快得寧等適合該種植物的藥劑。

特徵是孢子不會長在葉子正面，但背面會長出稍微隆起、呈乳白色的斑點。

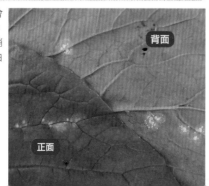

背面

正面

白銹病

發病時期

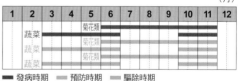

	1	2	3	4	5	6	7	8	9	10	11	12	(月)
					菊花類							
蔬菜												
蔬菜					菊花類							
蔬菜					菊花類							

■ 發病時期　　預防時期　　驅除時期

是什麼樣的疾病？

好發於菊花類和十字花科蔬菜。葉片會出現黃綠色和白色斑點，逐漸枯萎。

容易發病的部位　葉

容易感染的植物

菊花、翠菊、小濱菊等菊類；蕪菁、小松菜、青江菜等。

縮葉病

1 處於嫩葉階段時，葉片會以不規則的方式皺縮捲曲，變成奇形怪狀，膨脹的部分會變得很厚。

2 圖為發病的油桃葉。一部分的新葉有時候會變得有如火燒般鮮紅，形狀鼓起。

3 必須立刻剪除並燒毀病葉，以免傳染繼續擴大。

發病時期

(月)

1	2	3	4	5	6	7	8	9	10	11	12
			落葉期		摘除病葉						

■ 發病時期　　■ 預防時期　　■ 驅除時期

是什麼樣的疾病？

常見於桃類果樹的疾病，只會在冒出新芽到長出葉片的這段時間內發病。症狀是剛長出來的嫩葉會皺縮捲曲、膨大增厚，葉色也會轉為紅色或黃綠色，之後被白色黴菌覆蓋，逐漸掉落。

容易發病的部位

葉

容易感染的植物

桃、杏、梅、梨、花桃、白樺等。

🔲 防治對策

處理重點在於要趁白色黴菌長出之前，及早燒毀，以免孢子到了隔年散播開來。如果發病於幼果，果實表面會長出有如痘疤的病斑，而且提早落果。皺縮捲曲的葉片必須整片剪除，掉落的葉片和果實也必須立刻集中燒毀，或埋於土壤深處。除了保持良好的排水環境，以防濕氣過重，也必須定期修剪過度茂密的枝葉，並進行整枝，保持通風狀態。

💊 藥品對策

藥劑必須在冒出新芽之前噴灑，一旦發病，即使施用藥劑防除，也沒有太大的效果。選擇種類符合植物使用的殺菌劑後，仔細噴灑，連枝條前端也不要遺漏。不過，有些種類的藥劑在桃樹發病後仍然可以噴灑。

煤煙病

發病時期

												(月)
1	2	3	4	5	6	7	8	9	10	11	12

剪除不必要的枝條

■ 發病時期　■ 預防時期　■ 驅除時期

徽菌不會直接寄生在植物上，而是以蚜蟲和介殼蟲等害蟲的排泄物為營養源，不斷繁殖。

是什麼樣的疾病？

葉片和樹幹的表面長出有如煤渣的黑色徽菌。徽菌很多時，會影響美觀。

容易發病的部位　葉、枝、幹、果實

容易感染的植物

厚葉石斑木、山茶花、月桂樹、百日紅、橡膠樹、柑橘類、梅等。

🏥 防治對策

針對導致發病的蚜蟲、介殼蟲、粉蝨等進行害蟲防疫。剪除發病嚴重的枝葉，回收落葉。日照和通風的情況不佳時，也會造成害蟲變本加厲地孳生，所以必須定期修剪、整枝，做好環境的整頓。

💊 藥品對策

市面上沒有販售專門治療煤煙病的藥劑（只有針對致病原因的害蟲防治➡P56、P59、P63）。

🏥 防治對策

重點是要使用完熟堆肥，平日徹底做好排水的工作。發病的植株要連同周圍的土壤一起挖除，妥善處置。尤其是接觸地面部分的白色和褐色顆粒（菌核），一定要完全清除乾淨。由於病菌在10cm以下的深處無法生存，所以透過鬆土，把深層的土壤翻到表層，可以協助抑制病菌。

💊 藥品對策

發病初期，以滅普寧等適用該種植物的藥劑噴灑整株植物，包括周圍的土壤也要仔細噴灑。

盆栽植物也會發病。根部周圍會長出白色徽菌，導致根部的發育惡化。

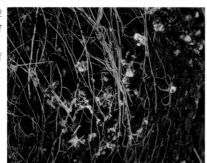

白絹病

發病時期

												(月)
1	2	3	4	5	6	7	8	9	10	11	12

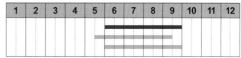

■ 發病時期　■ 預防時期　■ 驅除時期

是什麼樣的疾病？

植株底部會長出有如白色絲線的徽菌，接觸地面的部分會像浸水般腐爛、倒伏。

容易發病的部位　莖

容易感染的植物

鐵線蓮、星辰花、君子蘭、毛豆、蔥、草莓、茄子、落花生等。

33

瘡痂病

發病時期

	1	2	3	4	5	6	7	8	9	10	11	12	（月）

柑橘類
柑橘類
除去發病處

■ 發病時期　■ 預防時期　■ 驅除時期

是什麼樣的疾病？

發病於柑橘類、紫花地丁、圓三色菫等植物的疾病，特徵是會長出有如痂皮的粗糙斑點。

容易發病的部位　葉、果實

容易感染的植物

柑橘類、無花果、梅、紫菫、圓三色菫、紫羅蘭、番茄、鬱金香等。

果實表面長出疣狀的斑點。

🔧 防治對策

下雨會促使病情蔓延，所以要確實做好防雨措施。除了避免環境變得多濕，也要定期適度修剪和整枝，保持良好的日照和通風。如果發病，要趁早清除受損的葉片和果實，落葉和掉落的果實也要一併清理。

💊 藥品對策

一旦發病後就無法以藥劑治療。柑橘類從初夏到夏季之間，每隔10天就噴灑免賴得等殺菌劑，可以達到預防的效果。

🔧 防治對策

連枝剪除已發病的葉片，落葉也要清除乾淨。購買苗木時，務必確認植物的健康狀態。最好種植在排水良好的地方，並定期修剪過於茂密的枝葉、進行整枝，以保持良好的日照和通風。

💊 藥品對策

沒有專門治療的藥劑。如果是種植落霜紅，可以在4～6月、9～10月噴灑四氯異苯腈或甲基多保淨。

當病情加劇時會長出大量斑點，嚴重影響美觀。如果病情惡化，葉片在落葉前會先枯萎。

痘瘡病

發病時期

	1	2	3	4	5	6	7	8	9	10	11	12	（月）

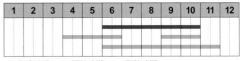

■ 發病時期　■ 預防時期　■ 驅除時期

是什麼樣的疾病？

在葉脈處長出暗褐色至黑色的斑點，之後病斑的中央處會轉白，出現穿孔。

容易發病的部位　葉

容易感染的植物

八角金盤、落霜紅、大花四照花、山茱萸、櫸樹、玫瑰等。

苗立枯病

在本葉（長在子葉上方的葉子）長出2～3片為止的發育初期容易發病，發病部位是接觸地面的部分，發病幾天後便會枯萎。被病菌侵襲的部分會腐敗，但不會發出惡臭。

發病時期

1	2	3	4	5	6	7	8	9	10	11	12

■ 發病時期　■ 預防時期　■ 驅除時期

是什麼樣的疾病？

發病於剛發芽或定植後的生長初期。接觸地面的部分會變成褐色、腐爛，而且莖變細，終至倒塌。根部也會腐爛，幼苗可能在幾天內就全軍覆沒。如果是種植蔬菜，必須更加注意。

容易發病的部位

發芽後的苗、幼苗

容易感染的植物

蘇丹鳳仙花、翠雀、翠菊、菠菜、番茄、小黃瓜、哈密瓜、西瓜、蔥、高麗菜、茄子。

🏠 防治對策

發病的植株必須盡快拔除，並且妥善處理。病原菌會潛藏在土中，從根部的傷口入侵，所以最有效的防除法就是避免讓根部受傷。除了避免連續栽作、使用完熟堆肥，也要保持良好的排水環境。密植會造成排水不佳，提高發病機率，所以一定要勤加疏苗，保持適當的間距。用於播種和育苗的土，必須是沒有被病原菌汙染的新土。

💊 藥品對策

發病後，即使噴灑藥劑也很難達到防除的效果，只能使用蓋普丹等適用該種植物的藥劑，噴灑在種子上，或者是混入土壤後再播種或定植。如果是小黃瓜、番茄、蔥等，可以噴灑四氯異苯腈。

病斑稍微呈凹陷狀，周圍則是褐色；如果病情惡化，中心部分會出現粒狀的黑色小斑點。

炭疽病

發病時期

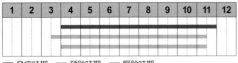

（月）

1	2	3	4	5	6	7	8	9	10	11	12

■ 發病時期　　■ 預防時期　　■ 驅除時期

是什麼樣的疾病？

葉片出現圓形的褐色病斑後，病斑的中心部分會轉為灰白色並穿孔，最後枯萎。

容易發病的部位　葉、莖、果實

容易感染的植物

十大功勞、圓三色菫、蕙蘭、黃金葛、橡膠樹、小黃瓜、柿子等。

🧰 防治對策

平常就要養成觀察植物的習慣，因為關鍵在於能否及早發現。通風不佳會提高致病的機率，所以要避免密植，適度修剪。澆水的時候要澆在植株底部，不要直接接觸葉片和果實。發病的葉片和落葉都要徹底清除。

💊 藥品對策

剛發病時，可用適合該種植物的殺菌劑噴灑在植物整體。像是樹木類、小黃瓜、柿子、橡膠樹可以噴灑免賴得等。

🧰 防治對策

拔除發病的植株，連同周圍的土壤也一併處理。小黃瓜和哈密瓜等瓜菜、瓜果類，不妨選擇嫁接苗栽培，能夠降低發病的機率。曾經發病的土壤，裡面殘留的病原菌可存活5年之久，所以不要連續栽作。

💊 藥品對策

病原菌會從根部入侵，發病後無法以藥劑治療，所以預防更重於治療。種植地瓜之前，可以先把地瓜苗的基部浸泡在免賴得再種植。

葉子在白天萎縮，直到晚上和早晨又恢復精神。不過兩三天後還是會整株枯萎。

蔓割病

發病時期

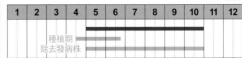

（月）

1	2	3	4	5	6	7	8	9	10	11	12

種植期
除去發病株

■ 發病時期　　■ 預防時期　　■ 驅除時期

是什麼樣的疾病？

接觸地面的莖部會裂開，長出白色的黴菌。被病原菌侵害的根部會轉為褐色，逐漸腐爛。

容易發病的部位　葉、根、莖

容易感染的植物

牽牛花、小黃瓜、絲瓜、哈密瓜、西瓜、瓠瓜、冬瓜、地瓜等。

簇葉病（天狗巢病）

發病後雖然不會馬上枯萎，但是放置不管的話，病灶便會逐漸擴大，而且頻頻發病的話，樹木會變得脆弱。

發病時期

												(月)
1	2	3	4	5	6	7	8	9	10	11	12	
		在切口塗抹殺菌劑										
		除去發病處										

■ 發病時期　■ 預防時期　■ 驅除時期

是什麼樣的疾病？

部分的樹枝會變成瘤狀，並從瘤狀物長出許多細枝。細枝的葉片很小，而且不會開花。

容易發病的部位　樹枝

容易感染的植物

櫻花樹、杜鵑花類、楓樹‧櫟樹類、筍類。

📥 防治對策

一到冬天，要修剪過度茂密的枝條，以保持良好的通風。最確實的方法是及早發現，迅速剪除。一旦發病，必須趁病灶還輕微的時候，在冬天到早春之際，連同基部的瘤，把細小的分叉一起切除。

💊 藥品對策

即使噴灑藥劑，往往也未能得到理想的防疫效果。把枝條切除後，為了避免感染，一定要塗抹甲基多保淨等藥膏。

病原菌會從外部的傷口入侵，所以做好天牛類、透翅蛾等害蟲的防治工作也非常重要。

胴枯病

發病時期

												(月)
1	2	3	4	5	6	7	8	9	10	11	12	
				在切口塗抹殺菌劑								
		除去發病處										

■ 發病時期　■ 預防時期　■ 驅除時期

是什麼樣的疾病？

病原菌從枝條的切口、曬傷處或害蟲的啃食處等入侵，造成內部轉為褐色，逐漸腐爛枯萎。

容易發病的部位　枝、幹

容易感染的植物

櫻、青木、柏樹類、楓樹類、無花果、李子、梨子、桃子、蘋果、栗子等。

📥 防治對策

修剪時，不慎誤剪粗枝或過度修剪，造成樹木生長不良的話，會提高發病機率。用墨汁、接著蠟、癒合劑等，塗抹在粗枝的切口、日曬過度而掀起的樹皮處，可以防止病原菌入侵。為了避免被害蟲啃食，害蟲的防治也很重要。

💊 藥品對策

把受損部位的樹皮削得稍微深一點。如果是梨子、栗子、無花果等果樹類，還有櫻、青木、柏樹等樹木類，適合塗抹甲基多保淨，以達到殺菌作用。

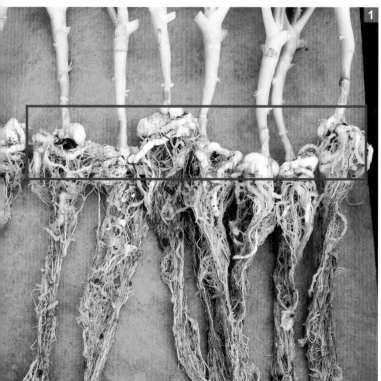

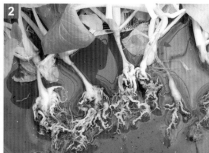

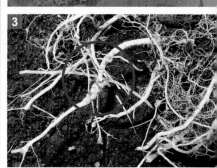

1 圖為青花菜。根瘤線蟲也會造成根部長瘤，不過由線蟲引起的話，根部整體會長出無數個小瘤，能夠明顯區別。

2 圖為青江菜。根部長出大小不一的瘤，葉片的綠色變淡，植株生長不良，軟弱無力。

3 圖為白菜。發病的初期症狀是長出許多小瘤。

發病時期

| | | | | | | | | | | | (月) |
1	2	3	4	5	6	7	8	9	10	11	12
	播種、植苗時										
	除去發病植株										

■ 發病時期　■ 預防時期　■ 驅除時期

是什麼樣的疾病？

好發於十字花科蔬菜。地上部的葉子和植株整體都會變得無精打采，根部逐漸腐爛、枯萎。從拔下來的根部，可以看到大小不一的瘤狀物。

容易發病的部位

根

容易感染的植物

高麗菜、白菜、蕪菁、小松菜、青江菜、白蘿蔔、青花菜、花椰菜等。

🔧 防治對策

一旦發病，處理起來會很棘手，病原菌會長期存活於土壤之中，有復發的可能。為了避免讓瘤留在土中，必須拔起發病的植株回收。用來挖掘植株周圍土壤的工具類也要清洗乾淨並消毒。此外，避免在同一個場地連續栽作十字花科蔬菜。排水不佳的酸性土壤是最容易發病的環境，所以除了改善排水，也要使土壤保持適度的酸性程度。另外，最好選擇對根瘤病抵抗性強的品種。

💊 藥品對策

如果是高麗菜、白菜、蕪菁、小松菜、青江菜、白蘿蔔、青花菜、花椰菜等，可以先把氟硫滅混入土壤，再播種或植苗。

灰黴病

發病時期

由葡萄孢菌引發的疾病,在梅雨季時常發病於花瓣。防治關鍵是維持良好的排水和通風。

(月)

1	2	3	4	5	6	7	8	9	10	11	12

■ 發病時期　■ 預防時期　■ 驅除時期

是什麼樣的疾病?

初期只會長出水浸狀斑點,但隨著症狀的惡化,會逐漸被灰色的黴菌覆蓋而腐爛。

容易發病的部位　花瓣、花蕾、莖、葉等

容易感染的植物

玫瑰、杜鵑、石楠花、圓三色菫、櫻草屬、聖誕玫瑰、草莓等。

🏠 防治對策

開花後,要勤加摘除花梗。避免密植,保持排水與通風完善,施加氮肥的分量也要拿捏得宜。澆水時要澆在底部,不可直接澆在花或葉片。一旦染病,需趁早剪除長出黴菌的部分,妥善回收。

💊 藥品對策

盡可能在發病初期,使用碳酸氫鉀等符合該種植物使用的藥劑,毫無遺漏地噴灑於整株植物,可以防止病情繼續擴大。

褐腐病

發病的果實、枝葉、花絕對不可置之不理。造成枝條枯萎的患部也要一併切除。

發病時期

(月)

1	2	3	4	5	6	7	8	9	10	11	12

■ 發病時期　■ 預防時期　■ 驅除時期

🏠 防治對策

發病的果實會變得皺巴巴的,而且病原菌會不斷從與果樹的連接處落下,成為感染源。所以一旦發現病果就要立刻摘除,落果也要收拾乾淨,一併回收。發病的枝葉和花都要立即處理。

是什麼樣的疾病?

有如水漬的褐色病斑急速變大,整顆果實會逐漸腐爛,長出粉狀的黴菌。

容易發病的部位　葉、花、新梢、果實

💊 藥品對策

一旦染病過,到了隔年,再度發病的機率很高,所以使用藥劑,才能充分做好預防的對策。可以在開花前噴灑甲基多保淨等適用的藥劑。

容易感染的植物

杏子、梅子、櫻桃、李子、黑棗、桃子、蘋果等。

露菌病

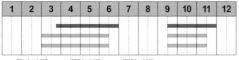

圖為菠菜。葉片上先長出形狀不規則的淡黃色病斑，之後葉片的背面會長出灰色的黴菌。

發病時期

| | | | | | | | | | | | (月) |
1	2	3	4	5	6	7	8	9	10	11	12

■ 發病時期　■ 預防時期　■ 驅除時期

是什麼樣的疾病？

好發於春天到秋天的潮濕環境。葉片會長出多角形的黃色斑紋，背面也會長黴。

容易發病的部位　葉、莖

容易感染的植物

菊花、玫瑰、葡萄、小黃瓜、南瓜、白菜、蕪菁、蔥、菠菜等。

🧰 防治對策

避免密植，讓植株保持適當的間距，確保日照和通風良好。注意氮肥不足時尤其容易發病。如果要種植蔬菜，盡量挑選抗病性較強的品種。染病時盡早清除發病的葉片，並且將落葉一併回收。

💊 藥品對策

如果是小黃瓜、哈密瓜、白菜、高麗菜等，使用四氯異苯腈等適用藥劑，在發病初期仔細噴灑，連葉子的背面也不可遺漏。

褐斑病

🧰 防治對策

植株間保持充分的距離，也要定期修剪長得過於茂密的枝葉，保持良好的通風環境。由於好發於梅雨季和秋天的多雨季節，所以保持排水通暢也很重要。一旦染病時，如果置之不理，其他植物也會受到感染，所以發病的部分要立刻清除，妥善處理。

💊 藥品對策

可噴灑四氯異苯腈、甲基多保淨、オキシラン水懸劑（台灣無此產品，可用快得寧、三元硫酸銅替代）等符合該種植物使用的藥劑。噴灑時連葉片的背面也不要遺漏。

斑點首先出現在下面的葉片，接著也會逐漸出現在上面的葉片。隨著病情加重，葉片會枯萎，植株也會變得虛弱。

發病時期

| | | | | | | | | | | | (月) |
1	2	3	4	5	6	7	8	9	10	11	12

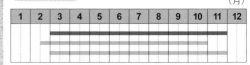

■ 發病時期　■ 預防時期　■ 驅除時期

是什麼樣的疾病？

葉片和莖會長出褐色和灰白色的斑點。和其他種類的病斑相比，其輪廓較為明顯。

容易發病的部位　葉、莖

容易感染的植物

玫瑰、繡球花、櫻草、蘇丹鳳仙花、西洋芹、青椒、藍莓等。

落葉病

1 長出多角形的褐色病斑，範圍橫跨葉脈兩邊，比健康的葉子提早變紅、掉落。果實長不大，而且病菌也會入侵尚未成熟的落果。

2 紅色的小圓斑點逐漸擴大，病斑的中心轉為赤褐色，周圍則是黑紫色的圓形病斑。病情很嚴重時會落葉。

角斑病

圓斑病

發病時期

	1	2	3	4	5	6	7	8	9	10	11	12	(月)
角斑病													
圓斑病													
去除病葉													

■ 發病時期　　■ 預防時期　　■ 驅除時期

是什麼樣的疾病？

葉片會出現各種形狀和色彩不一的斑點，而且急速擴散，會在早期落葉。柿子葉片上出現圓形或角狀病斑的圓斑病、角斑病等，是最具代表性的落葉病。

容易發病的部位

葉

容易感染的植物

柿子、松科植物類等（松科植物的落葉病稱為葉震病）。

🏠 防治對策

病原菌會潛藏在發病的落葉中越冬，成為隔年的感染源。必須在冬天時把落葉集中，埋於土中或燒毀後丟棄。尚未成熟即掉落的果實，也要一併集中處理。成木比幼樹容易發病，而且生長不良的個體發病機率更高，所以必須適度施肥，使其旺盛地生長。另外，澆水也很重要，需避免土壤過乾，否則很容易發病。

💊 藥品對策

柿子若是發病，孢子會從落葉散落，所以建議在5月下旬～7月上旬噴灑得恩地或ゲッター水懸劑（成分為Diethofencarb，台灣無此類產品）。必須注意的是，如果太晚噴灑，效果不佳。

細菌性疾病

最具代表性的種類包括軟腐病、青枯病、細菌性斑點病等。
細菌也會從被害蟲啃食的部位、傷口等處入侵。
在連續栽作或排水不佳的環境下栽培，發病的機率較高。

青枯病

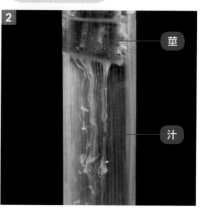

莖

汁

（圖片提供／日本島根縣農業技術中心）

1 莖和葉不會先發黃而枯萎，而是在依然翠綠的情況下突然枯萎，很容易和缺水狀態混淆。

2 雖然和萎凋病和立枯病的初期症狀相似，但是切開地上莖一看，可看到乳白色的汁液滲出，很容易區分。

發病時期

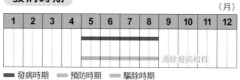

											(月)
1	2	3	4	5	6	7	8	9	10	11	12

清除發病植株

■ 發病時期　■ 預防時期　■ 驅除時期

是什麼樣的疾病？

一旦染病，原本生長良好的植物，會突然枯萎死亡。特徵是發病後惡化的速度很快，但莖、葉仍保持綠色，根部則會腐爛成黑褐色。如果切開與地面接觸的莖部，會發現裡面都已變成暗褐色。

容易發病的部位

莖、葉、植株整體

容易感染的植物

萬壽菊、百日草、大麗菊、菊花、番茄、茄子、青椒、小黃瓜、草莓、茼蒿、馬鈴薯、白蘿蔔等。

🏠 防治對策

為了避免健康的植株被發病的植株感染，必須連根移除發病株，周圍的土壤也要回收處置。從梅雨季到夏季這段時間，好發於排水不良之處，所以務必保持土壤的排水性良好。可以藉由提高田畦的高度，以確保排水環境。此外，避免連續栽作，並選擇抗病性強的品種或嫁接苗。進行淺耕等作業時也務必小心，以免傷及根部。

💊 藥品對策

因為細菌會從根部入侵，植物發病後也無法以藥劑治療。而且一旦發病，細菌會殘留在土壤內，雖然使用藥效強的藥劑進行消毒較有效，但是考量到強效藥劑不適合家庭園藝，還是採用噴灑藥劑以外的方法為宜。因此建議提高田畦的高度，或是鋪上稻草以提高地面的溫度，並且控制澆水量。

潰瘍病

柑橘類和梅子染病時，果實、葉、莖會長出有如軟木塞的淺黃色斑點。

發病時期

(月)

1	2	3	4	5	6	7	8	9	10	11	12

■ 發病時期　■ 預防時期　■ 驅除時期

是什麼樣的疾病？

葉片、枝葉和果實長出痂皮狀的小斑點。好發於雨水多的時候。

容易發病的部位　果實、葉、莖

容易感染的植物

鬱金香、番茄、梅子、柑橘類、奇異果等。

🔧 防治對策

必須徹底清除染病的葉片和落葉。細菌會從疏芽時的切口入侵，所以要用塑膠布蓋住植株底部，防止泥水飛濺。如果種植柑橘類，必須仔細驅除柑橘潛葉蛾，以免葉片受到蟲害。

💊 藥品對策

如果是種植番茄（不包含小番茄），在摘取側芽後噴灑嘉賜銅（本書原文為：カスミンボルドー、カッパーシン水懸劑，台灣無此產品，建議可用成分相同的嘉賜銅替代）；柑橘類則噴灑鹼性氯氧化銅。

即使染病部位上的病斑擴大至破裂，也不會有軟化和腐爛情形。

黑腐病

發病時期

(月)

1	2	3	4	5	6	7	8	9	10	11	12

■ 發病時期　■ 預防時期　■ 驅除時期

🔧 防治對策

避免密植，使植株間保持充足的間距，以確保通風與日照良好。細菌有可能從被害蟲啃食的傷口入侵，所以除了驅除害蟲，最好也選擇耐病性強的品種。發病的植株須連同周圍的土壤一併清除乾淨。

💊 藥品對策

從發病前便可噴灑藥劑。尤其好發於颱風等強風暴雨過後，所以在颱風過境後，噴灑可利得等藥劑。

是什麼樣的疾病？

好發於十字花科植物。葉緣會長出黃色的病斑，呈V字形擴散。

容易發病的部位　葉、莖、花蕾

容易感染的植物

葉牡丹、紫羅蘭、高麗菜、青花菜、白蘿蔔、白菜、小松菜等。

瘤病　癌腫病

瘤病・癌腫病

瘤病　癌腫病

（圖片提供／日本長崎縣農林技術開發中心）

1 在溫度升高和多雨的梅雨季等時期特別容易發病。如果是種植在庭院的樹木，觀賞價值也會大打折扣。

2 瘤的顏色是暗褐色或褐色，一開始只有豆子般大小，之後會年年變大，甚至可能超過拳頭大小。

發病時期

（月）

1	2	3	4	5	6	7	8	9	10	11	12
			在切口塗抹殺菌劑								
			除去發病處								

■ 發病時期　■ 預防時期　■ 驅除時期

是什麼樣的疾病？

樹木的枝幹出現各種凹凸不平且大小不一的瘤。如果發病於枇杷，稱之為癌腫病。細菌會從傷口入侵，開始發病後，瘤每年都會愈變愈大。

容易發病的部位

枝、幹

容易感染的植物

藤、櫻樹類、楊梅、連翹、枇杷（癌腫病）。

🏠 防治對策

瘤的體積變大或數量變多，都會造成植物生長不良；病情加重的情況下，發病枝會枯萎，所以必須趁早清除長瘤的枝幹，以免感染擴大。如果無法只切除長瘤的枝幹，就連同瘤的部分將周邊一併削除。另外，發病於松樹的瘤病，屬於由真菌引起的銹病之一，所以處理方式不同（銹病➡P31）。

💊 藥品對策

切除枝幹後，使用甲基多保淨等具備殺菌作用的癒合劑塗抹於切口處，以免傷口造成感染。

根頭癌腫病

瘤會變得肥大，導致植物變得虛弱。有可能等到病情嚴重時才發現。沒有根治方法，最麻煩之處是即使挖除瘤塊，又會馬上復發。

瘤大多長在地表處。只要長過一次，細菌就會長期潛伏在土壤中，所以只要在同一個地點種植，就會再度發病。

發病時期

												(月)
1	2	3	4	5	6	7	8	9	10	11	12	
				植苗時								

■ 發病時期　　■ 預防時期　　■ 驅除時期

是什麼樣的疾病？

從地表處到根部都會長瘤，而且直到樹木枯萎之前不會消失。潛藏在土中的細菌，會在定植或移植時，從根部或接枝的傷口入侵。

容易發病的部位

根、幹

容易感染的植物

玫瑰、鐵線蓮、藤、木瓜、櫻花、牡丹、大麗菊、菊花、梅、枇杷、柿子、栗子、葡萄、梨、桃、蘋果等。

🔧 防治對策

請記住「預防勝於治療」才是關鍵所在，因為一旦發病就難以治療。排水不良、土壤水分過多的環境會提高發病機率，所以必須保持土壤的排水良好。慎選沒有長瘤的苗株或苗木，而且定植時注意不可切斷根部。如果發現有植株發病，必須立刻連同周圍的土壤一併挖起來，妥善回收。原本種植處的土壤必須更新，或者在專家的指導下消毒土壤。用來切除病株的剪刀也必須消毒。

💊 藥品對策

如果是玫瑰、菊花、果樹類，在定植或移植之前，先把根部浸泡在消滅農桿菌的水溶液（例如：鏈四環黴素水溶劑）。但是對已經感染的植苗和苗木無效。

軟腐病

1 雖然也有類似植株底部腐爛的疾病，但軟腐病會發出惡臭，具有辨識性。
2 如果是白蘿蔔發病，除了冒出葉片的葉柄之外，根頭部也會軟化腐爛，並發出惡臭。

發病時期

(月)

1	2	3	4	5	6	7	8	9	10	11	12

■ 發病時期　■ 預防時期　■ 驅除時期

是什麼樣的疾病？

特徵是接觸地面的部分會腐敗，變得有如溶化般枯萎。腐敗的部分還會發出惡臭。土壤中的細菌會趁著雨水，從植物的傷口和被害蟲啃食之處入侵。

容易發病的部位

葉、根、球根

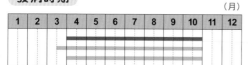

容易感染的植物

仙客來、櫻草屬、鬱金香、百合、聖誕玫瑰、嘉德麗亞蘭、蕙蘭、白蘿蔔、白菜、萵苣、番茄等。

🩹 防治對策

拔除發病的植株，連同周圍的土壤一起回收。排水不佳會提高發病機率；如果是菜園，可提高田畦的高度以改善排水，並保持適當的間距，避免連續栽作。定植、移植、整枝、除草等作業最好在晴天時進行，並注意不要傷及植物。夜盜蟲等害蟲的防治工作也要徹底執行。雜草的根部周圍也存在著病原菌，所以勤加拔除雜草很重要。

💊 藥品對策

發病後就無法以藥劑治療。只能在發病前或發病初期仔細噴灑適用的藥劑，以達到預防的效果。另外，如果前一年有發過病，為了預防感染，建議選擇適合的藥劑定期噴灑。仙客來、萵苣、白菜、高麗菜等蔬菜，適合施用バイオキーパー水懸劑（此為日本的微生物農藥，採用「以菌制菌」的概念進行防治，台灣無此產品，可用台肥的活力磷寶替代）。

細菌性斑點病

1 染上細菌性斑點病時，會長出有如水漬或油漬狀的病斑，病斑周圍會出現黃暈。
2 只要發現病葉就立刻摘除，接觸過病葉的手或使用過的刀刃等器具也會成為感染源，所以作業後務必消毒。

發病時期

(月)

1	2	3	4	5	6	7	8	9	10	11	12

除去發病處

■ 發病時期　■ 預防時期　■ 驅除時期

是什麼樣的疾病？

起初葉片和莖會出現水浸狀斑點，而且病斑的輪廓並不明顯。如果周圍出現黃暈，表示是細菌引起的斑點性疾病。葉片的背面並不會長出黴菌。

容易發病的部位

葉、莖

容易感染的植物

秋海棠、康乃馨、聖誕紅、紫丁香、楓樹、酸漿、小黃瓜、南瓜、西瓜、毛豆、萵苣等。

🩹 防治對策

一旦發現發病的葉片，就要趁早拔除。病原菌會藉由水滴和風散播，必須改善排水，墊上塑膠布以防止泥水飛濺。澆水時要澆在植株底部，避免澆在葉子上。此外，不可密植，並適度修剪過於茂密的枝葉，以確保日照與通風良好。另外必須注意，一次施予過度的氮肥也會提高發病機率。不要使植物受損也很重要，以免細菌從傷口等處入侵。

💊 藥品對策

發病後，即使施用藥劑，通常效果也不佳。如果是種植香草植物或蔬菜類，可在發病初期仔細噴灑銅快得寧；紫丁香和楓樹等，可以在長出新葉時噴灑硫酸快得寧等。

病毒性疾病

病毒只會在活細胞內增殖。植物一旦受到感染，
葉片和花瓣會出現馬賽克般的紋路，造成畸形和萎縮等發育不良的現象。

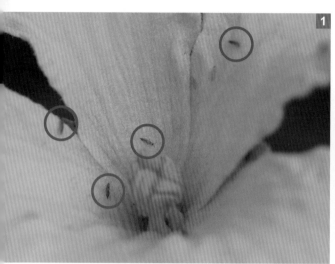

病毒病

1 西方花薊馬是從外國入侵的害蟲，不僅會吸取植物汁液，也會成為感染病毒的媒介。

2 受到西方花薊馬侵害的大丁草。大多是在開花前入侵內部，等到開花時發病。

發病時期

	1	2	3	4	5	6	7	8	9	10	11	12	(月)
尤其是蚜蟲的好發期													
防除作為媒介的害蟲													
除去發病植株													

■ 發病時期　　■ 預防時期　　■ 驅除時期

是什麼樣的疾病？

薊馬類和粉蝨類會吸取汁液，並成為傳染病毒的媒介。葉片會出現淡黃綠色的斑紋和輪紋，造成皺縮捲曲、萎縮、變色、黃化、莖發黑枯萎等現象。

容易發病的部位

葉、莖、果實、植物整體

容易感染的植物

瑞香、蘇丹鳳仙花、大丁草、菊花、大麗菊、日日春、萬壽菊、翠菊、番茄、青椒。

🏠 防治對策

缺乏有效治療的藥物，一旦發病，只能盡速拔除發病的植株。關鍵在於防治成為病毒媒介的薊馬類等害蟲。建議從幼苗期開始，使用防寒紗和防蟲網等覆蓋於植物整體；也可以利用薊馬對藍色有強烈趨性的特點，使用藍色的黏蟲紙捕捉，也頗有成效。作業時必須謹慎小心，以免傷害到植物；結束作業後，手和器具類都要清潔乾淨。

🗲 藥品對策

藥劑對已經被病毒感染的植株無效，但是噴灑香菇菌絲體萃取物液劑（台灣無類似產品），可以防止番茄和青椒等受到感染。另外，使用賽速安和殿殺松等適合藥劑，可以防止薊馬和粉蝨等害蟲靠近，降低發病機率。

嵌紋病（花葉病）

1 出現在山茶花和茶花的馬賽克紋路，似乎也有人覺得美觀而求之不得。
2 鬱金香染病時，花瓣出現不規則的絲狀斑紋。
3 櫛瓜葉子上出現濃淡不均的馬賽克紋路。病情持續惡化的話，連果實也會出現症狀，無法收成。

發病時期

（月）

	1	2	3	4	5	6	7	8	9	10	11	12
尤其是蚜蟲的好發期												
防除作為媒介的害蟲												
除去發病植株												

■ 發病時期　■ 預防時期　■ 驅除時期

是什麼樣的疾病？

疾病的媒介是蚜蟲。多數植物都可能受到感染，葉片和花瓣會出現濃淡不一的馬賽克花紋和斑紋。植株整體會矮化；如果是蔬菜類的病情惡化，有可能會枯萎。

容易發病的部位

花瓣、葉、植株整體

容易感染的植物

繡球花、櫻花、瑞香、鬱金香、圓三色堇、百合、小黃瓜、番茄、菠菜、紫蘇、櫛瓜。

🔧 防治對策

蚜蟲吸取病株的汁液後，會經由吸取其他健康植株的汁液而形成傳染，所以一旦發現有植株發病，必須立刻連同地下的球根回收感染的植物。但如果蚜蟲聚集，表示植物已無法倖免。建議從幼苗期開始，使用防寒紗和防蟲網等，覆蓋植物整體；也可以利用蚜蟲厭光的特性，鋪上銀黑色塑膠布，防止蚜蟲飛入。另外，使用後的剪刀或刀具等都必須消毒，碰觸過病株的手也要用肥皂清洗乾淨。

💊 藥品對策

市面上沒有專門治療的藥劑。因為嵌紋病是起因於蚜蟲的傳染而發病，所以最根本的治療方法就是防治蚜蟲入侵。使用防治蚜蟲的藥劑時，記得連周圍的草花也一併噴灑。鬱金香、圓三色堇、百合等草花和觀葉植物可用賽速安噴灑在植株底部；香草植物和一般蔬菜可噴灑ベニカマイルドスプレー（台灣無此產品，可用糖醋精替代）。

非疾病的生理障礙

有些乍看之下由病原菌或害蟲引起的損害，其實是因為「生理障礙」所造成，屬於非傳染性病害。養分、日照、土壤的水分與酸度、溫度等不足或過量，都會促使植物產生生理障礙。生理障礙的症狀，像是葉片變色、葉緣轉為褐色、腐爛、枯萎等，和病蟲害的症狀沒有太大差異，但損害的面積不像病蟲害會逐漸擴大，既不會傳出惡臭，也沒有傳染的風險。

改善對策

只要針對症狀的原因進行改善，生理障礙的症狀就不會繼續惡化。如果不確定原因是生理障礙或病蟲害，不妨先從改善施肥或栽培的環境開始進行。

番茄底部發黑時，可能是因鈣不足而引發尻腐病；若是缺鐵，新葉則會變成黃白色。葉片較薄或是整個冬天都放置於室內的植物，如果長時間被日光直射，容易造成日燒症，症狀包括葉尖枯萎、出現斑點。此外，排水不良的環境，也會造成根部腐爛。

總之，日常必須做好澆水和施肥的管理，以適宜的環境進行栽培，植物就能健康發展。

尻腐病

番茄的果實之所以從果頂腐爛，是因為在果實的肥大期，缺乏生長時所需的鈣素所引起。

缺鐵

正常的葉脈是綠色的，但一旦缺鐵就會變成黃白色。當過度施予磷含量豐富的肥料時，導致土壤偏向鹼性，就容易引發此種症狀。

日燒症

是因喜陰植物（陰性植物）被日光直射過久所引起，如果症狀持續惡化可能會枯萎。盛夏時應準備遮光網遮蔽日光。

盤根現象

如果移植的時間拖得太久，導致根部纏繞整個花盆，在吸收水分和肥料時就會變得較困難，因此影響到葉色的美觀。

氮肥過多

如果一次添加過量的氮肥，會導致植物軟化虛弱。雖然葉子長得很茂密，卻不會開花也不會結果。

Part 2

— 植物為什麼生病？ —

「害蟲」的種類
與防治對策

了解害蟲的必備知識

危害植物的害蟲種類繁多，體長從不到0.1公分到數公分的都有，不過基本上仍可區分為兩大類。第一種是從葉、莖、果實等吸取養分的「吸汁式害蟲」，包括蚜蟲、粉蝨、薊馬、介殼蟲、葉蟎等皆屬此類。因為這些害蟲大多體型微小，往往需等到大量孳生時才會被警覺到，但這時候災情通常已經擴大。

另一種是啃噬花、芽、葉、果實、根部等處的「咀嚼式害蟲」。一般而言，這類害蟲多屬於大胃王，遭受啃食的植物幾乎會被啃得光禿禿，造成嚴重的災情。總而言之，不論是哪一種類型的害蟲，對植物發育都會造成嚴重的打擊，所以在採取適當處理方法之前，須先掌握有關害蟲的基本知識，才能及時滅蟲、挽救受害植物。

1 掌握害蟲的三大類型

從害蟲對植物造成傷害的三大部位：根部和地下莖等地下部、與土壤相接的地際部、包含花、果實、葉、莖、芽等的地上部，可大致將害蟲分為三種類型。

第1類型 危害植物地下部的根部和地下莖

除了金龜子的幼蟲、根蟎、鐵線蟲，還包括會在根部製造瘤塊，使其腐爛的線蟲類等。

被線蟲感染而長出的根部瘤塊。

第2類型 在植物基部與土壤交界處造成危害

種類包括危害力強的蕪菁夜蛾、球菜夜蛾、切根蟲等。

在夜間活動的蕪菁夜蛾正啃食剛發芽的莖。

第3類型 危害植物地上部組織

❶ 吸食花、芽、新梢、葉等處的汁液

種類包括蚜蟲、粉蝨、薊馬、介殼蟲、椿象、網椿、葉蟎等。除了椿象外，體型都很微小，因此發現牠們時，有可能已大量孳生、災情也已經蔓延。另外，蚜蟲、粉蝨、薊馬類是以病毒為傳染媒介。

❷ 啃食花、芽、新梢、葉和果實

種類包括毛蟲、尺蛾、刺蛾的幼蟲、捲葉蟲、蓑巢蟲、夜盜蟲、象鼻蟲、葉蟲、蝗蟲、蝸牛、蛞蝓等，幾乎都會出沒在植物受害部位的附近，所以難以確認是哪一種蟲類造成。另外，潛葉蠅會啃食葉肉組織，咬過的痕跡會使葉片留下白色紋路，因此別名為「地圖蟲」。

❸ 危害莖、枝、樹幹、果實內部

種類包括天牛、蝙蛾科、螟蛾、象鼻蟲、大透翅天蛾等，有些會啃食果實內部。草花和蔬菜受到啃食後，會從被侵害的部分往上逐漸枯萎。庭園樹木、花木、果樹等則會出現木屑，所以不難判斷。

❹ 在芽、葉製造出瘤塊

除了癭蚋、癭蜂、節蜱等，蚜蟲也會在葉片和芽製造出瘤塊。

群生的蚜蟲一起吸食汁液。　啃食葉片的毛蟲。

52

2 整頓栽培環境

　　進行害蟲防治的工作時，要謹記「先下手為強」的原則。唯有落實平日的管理，才是降低害蟲發生的根本之道。除了生長情況不佳的蔬菜，在惡劣的日照與排水條件下，生長出的庭園樹木、花木和草花等，不但感染疾病的機率大增，也容易招致害蟲。

　　防治害蟲的最重要關鍵，就是讓植物健全生長。為此，必須將生長環境整頓得宜。把初期防治當作首要目標，是盡可能降低害蟲危害程度的不二法門。

3 防治害蟲的基本對策

❶ 選購健康的苗株、苗木和盆栽

　　購買前，請務必確認植物上是否出現害蟲的啃食痕跡或已經長蟲。溫室粉蝨和葉蟎大多會附著在葉片背面，請仔細確認。

❷ 適度施肥，保持均衡的比例

　　氮肥施予過多時，只是讓葉片徒然增長，發育成軟弱的不良狀態，也容易淪為害蟲啃食的對象。施肥時，要確保氮、磷、鉀的比例均衡。

❸ 製造讓害蟲避之唯恐不及的環境

　　粉蝨和葉蟎性喜乾燥的環境，喜歡棲息在不會被雨水淋濕的地方。平常放在室內、陽台、走廊的盆栽，最好偶爾也拿到室外淋點雨水，或者在葉片上灑水，以降低害蟲孳生的機率。

在葉片灑水可以預防葉蟎類和粉蝨類。

如果種植的是庭木，請拿著水管，連葉片背面都要確實灑水。

❹ 利用天敵制衡

　　在春天孳生的蚜蟲和介殼蟲，可由牠們的天敵─「瓢蟲類」的幼蟲負責收拾。除了瓢蟲，害蟲們的天敵還包括小鳥、螳螂、蜘蛛、草蛉、虻、渦蟲、青蛙等。所以，保護好上述生物的話，可以間接減少害蟲的數量。

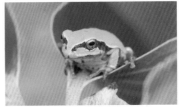

青蛙會捕食夜盜蟲和毛蟲等小蟲。

❺ 善用具有防蟲效果的器材

　　使用防蟲網或防寒紗覆蓋植物，可以避免害蟲侵入植物。或者把可以反射光線的銀黑色塑膠布鋪在田畦上，能夠防止蚜蟲類、粉蝨類、薊馬類靠近。另外也可利用黃色或藍色的黏蟲紙，發揮誘捕蚜蟲類、粉蝨類、薊馬類的效果。

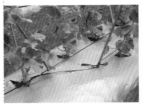

在田畦鋪上銀黑色塑膠布，蚜蟲類便不會靠近。

用防蟲網覆蓋整個田畦。

利用黃色的黏蟲紙，可以誘捕蚜蟲類、粉蝨類、潛葉蠅等。

❻ 勤勞地去除雜草

　　雜草會奪取土壤中的養分和水分，妨礙通風和採光，此外也會成為害蟲的溫床。所以不可放任雜草叢生，必須勤加清除。如果有落葉和枯葉，也需一併清理乾淨，保持周圍環境的整潔。

趁雜草還短小的時候就清除乾淨。

害蟲

如果能夠直接用肉眼發現害蟲的蹤影，在處理上還不算麻煩。
但有些蟲會潛入土中，或者是體型過小，因此難以確定是哪個種類。
以下為大家介紹常見害蟲的辨認方法和防治技巧。

碧蛾蠟蟬

在夏末產於枯枝等處的卵，越冬後，於隔年5月孵化而出的幼蟲，到了盛夏會長為成蟲。

出現時期

（月）

■ 出現時期　■ 預防時期　■ 驅除時期

1	2	3	4	5	6	7	8	9	10	11	12
			幼蟲								
				成蟲							

是什麼樣的害蟲？

幼蟲和成蟲都會吸食植物汁液。幼蟲分泌的白色棉狀物會附著在植物上，有礙美觀。

容易發生的部位　枝、葉

容易遭受蟲害的植物

青木、繡球花、山茶花類、梔子花、梅、柿子、柑橘類、石榴、山椒等。

➕ 防治對策

修剪交纏的枝葉，保持良好的通風。一旦發現幼蟲和成蟲時，就立刻捕殺。只是牠們的動作非常迅速，很容易錯過。可利用刷子等清除棉狀分泌物。

💊 藥品對策

造成的危害不大，但如果出現的數量太多，可使用適合的藥劑在5～7月的幼蟲出生期，噴灑於植株整體。

➕ 防治對策

從幼苗期開始，用防蟲網或防寒紗覆蓋植株整體，可以防止成蟲在裡面產卵。如果發現成蟲飛來，產卵的機率很高，請務必注意。只要發現卵、幼蟲、蛹出沒，就立刻捕殺。

💊 藥品對策

在幼蟲出現的初期，使用適合的藥劑噴灑植株整體，連葉片背面也不可遺漏。

毛蟲會啃食葉片，導致葉片上出現破洞。情況更嚴重的話，整片葉子都會被啃食殆盡，只剩下葉脈。

毛蟲（紋白蝶）

出現時期

（月）

■ 出現時期　■ 預防時期　■ 驅除時期

1	2	3	4	5	6	7	8	9	10	11	12
			蓋上防蟲網	噴灑農藥							

是什麼樣的害蟲？

是紋白蝶的幼蟲。全身披覆著一層細毛的綠色毛蟲，對高麗菜造成的危害尤其嚴重。

容易發生的部位　葉

容易遭受蟲害的植物

紫羅蘭、香蕉、葉牡丹、白蘿蔔、青江菜、白菜、高麗菜等。

鳳蝶類

鳳蝶的幼蟲外型酷似鳥糞。如果太晚發現，整片葉子都會被啃噬殆盡，只剩下葉脈。

出現時期

(月)

1	2	3	4	5	6	7	8	9	10	11	12

■ 出現時期　■ 預防時期　■ 驅除時期

是什麼樣的害蟲？

鳳蝶類只食用特定種類的植物，像是鳳蝶只吃柑橘類、黃鳳蝶只吃繖形花科植物。

容易發生的部位　葉

容易遭受蟲害的植物

鳳蝶：枸橘、橘子、金桔；黃鳳蝶：紅蘿蔔、荷蘭芹、西洋芹等。

🏠 防治對策

一旦發現卵或幼蟲就立刻撲滅。隨著幼蟲的成長，被啃食的數量也會逐漸增加，所以關鍵在於要趁問題還不嚴重之前解決。可以在幼蟲剛出現時，選擇適用的藥劑噴灑在植株整體。另外，如果有成蟲飛來，產卵的機率不小，必須注意避免繁殖擴散。

💊 藥品對策

柑橘類使用可尼丁殺蟲劑，荷蘭芹則使用蘇力菌。

薊馬類

圖為被薊馬啃食後的蔥。薊馬會在表面形成傷口再吸汁，所以被吸食之處會留下白色斑點，失去原有的鮮綠。

出現時期

(月)

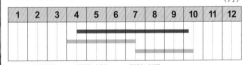

1	2	3	4	5	6	7	8	9	10	11	12

■ 出現時期　■ 預防時期　■ 驅除時期

是什麼樣的害蟲？

英文名為Thrips的細長小蟲，體長約1～2mm。不論是成蟲或幼蟲都會吸食植物汁液。

容易發生的部位　花、葉

容易遭受蟲害的植物

繡球花、山茶花、康乃馨、柿子、小黃瓜、茄子、番茄、蔥等。

🏠 防治對策

薊馬不喜歡陽光反射的光線，除了蓋反光布防止成蟲飛來，也可以利用牠們對藍色的趨性，貼黏蟲紙捕捉。在害蟲容易出現的時期，在葉片灑水，可防止乾燥，並提早摘取花梗。也須勤加清除雜草。

💊 藥品對策

適合使用可長時間發揮效果的歐殺松等藥劑。噴灑時不要遺漏葉片背面。

蚜蟲類

1 蚜蟲的排泄物會引誘螞蟻靠近，所以只要在枝條看到爬上爬下的螞蟻，表示有蚜蟲的存在。蚜蟲不只會吸食植物的汁液，也會成為嵌紋病等病毒性疾病的媒介。

2 黏稠的排泄物會成為黴菌的養分，也可能導致煤煙病發生。

3 在春天新芽冒出時，特別容易發現蚜蟲出沒，一旦加害新葉，會造成葉片捲曲。體色有黑色、紅色、黃色等各種顏色，當群居數量很多時，甚至會出現長出翅膀的個體。

出現時期

(月)

1	2	3	4	5	6	7	8	9	10	11	12

■ 出現時期　　 預防時期　■ 驅除時期

是什麼樣的害蟲？

屬於種類繁多的吸汁式害蟲，有些類型會寄生在特定的植物，也有些屬於種類不拘的多犯性（雜食性）。牠們會聚集在一起吸食汁液，造成植株變得衰弱。

容易發生的部位

新芽、蕾、花、果實、枝、莖

容易遭受蟲害的植物

楓樹類、梅、木槿、玫瑰、菊花、鬱金香、葉牡丹、萱草、柑橘類、草莓、小黃瓜、嘉德麗亞蘭、常春藤等。

🏥 防治對策

蚜蟲具備強烈的群居性，算是比較容易發現的害蟲，但是繁殖的速度很快，所以只要看到就要立刻消滅。氮肥添加過量時會促使蚜蟲增加，所以不可施予過多氮肥。因為蚜蟲對黃色有趨性，可準備黃色的黏蟲紙捕捉成蟲。也可以利用蚜蟲的厭光性，在田畝鋪上銀黑色塑膠布，或在花盆鋪上鋁箔紙，防止蚜蟲靠近。

💊 藥品對策

一般而言，蚜蟲對藥劑的抵抗力很弱，所以利用殺蟲劑可以有效驅除。一開始出現時，仔細噴灑於植株整體，連葉片背面都要噴灑。如果是小型花盆或小型樹，灑在底部也有不錯的效果。玫瑰、鐵線蓮、三色堇、萱草等，可使用ベニカマイルドスプレー（台灣無此產品，可用糖醋精替代）等藥劑噴灑在植株整體，並在底部施灑賽速安。

沫蟬

出現時期

(月)

1	2	3	4	5	6	7	8	9	10	11	12

■ 出現時期　　■ 預防時期　　■ 驅除時期

附著在玫瑰枝幹的沫蟬幼蟲，體長約1cm。幼蟲分泌的泡沫會影響植物美觀。

是什麼樣的害蟲？

幼蟲除了分泌泡沫在枝葉上，同時會棲息在泡沫中，吸取植物汁液並成長。

容易發生的部位　枝、葉

容易遭受蟲害的植物

玫瑰、繡球花、棣棠、厚葉石斑木、松樹、冬青衛茅、菊花、藍莓等。

🧰 防治對策

成蟲在6月以後，會改以蟬的姿態現身。不論成蟲或幼蟲，都會吸食植物的汁液。造成的損害雖然不大，但是植物被泡沫包覆的模樣，看起來很不美觀。成蟲的移動速度很快，但幼蟲的動作遲鈍，很容易捕捉，發現幼蟲時要立刻撲滅。

🧰 防治對策

如果發現幼蟲應立即撲滅。但是若不慎觸碰到刺毛，可能會造成劇痛，所以不可徒手捕捉。發現聚集在葉片背面的成群幼蟲時，最好連枝一起剪掉，達到的效果會最好。到了冬天，用木槌等物品，把附著在枝條上的繭敲掉，減少隔年出現的機率。

✏️ 藥品對策

幼蟲一年大約出現一、二次。一開始發現時，噴灑適用該種植物的藥劑。櫻花和大花山茱萸可用サンヨール液劑（成分為Dbedc，台灣無此種藥劑）。

圖為青緣黃刺蛾。幼蟲成長後會分散開來，但數量太多的話，葉片會被啃得光禿禿。

刺蛾類

出現時期

(月)

1	2	3	4	5	6	7	8	9	10	11	12
除繭											

■ 出現時期　　■ 預防時期　　■ 驅除時期

是什麼樣的害蟲？

以樹木的葉片為食的黃綠色毛蟲。剛孵化的幼蟲會聚集在葉片背面，啃食葉子。

容易發生的部位　葉

容易遭受蟲害的植物

櫻花、梅、山茶花、大花山茱萸、柿子、蘋果、栗子、李子、梨子、枇杷等。

番茄夜蛾・菸草夜蛾

原因就是它！

1 菸草夜蛾只會啃食茄科植物。

2 番茄夜蛾會啃食多種蔬菜和草花，包含茄科植物在內。

3 夜蛾類的幼蟲可以在移動的過程中，啃食掉好幾粒果實。即使出現的數量不多，也會造成嚴重的損害。

出現時期

1	2	3	4	5	6	7	8	9	10	11	12	(月)

■ 出現時期　■ 預防時期　■ 驅除時期

是什麼樣的害蟲？

夜蛾的幼蟲會啃食花蕾、果實和莖。花蕾和果實一旦遭殃後，不但無法開花，果實也無法食用。枝和莖如果被啃食，從被啃食的部位開始會逐漸往上枯萎。

容易發生的部位

莖、葉、花、蕾、果實

容易遭受蟲害的植物

茄子、番茄、青椒、小黃瓜、秋葵、草莓、高麗菜、青花菜、萵苣、玉米、康乃馨、菊花等。

防治對策

啃食的範圍深及植物內部，所以不容易發覺，屬於防治上較有難度的害蟲。如果發現到啃食的痕跡和暗褐色的糞便，請檢視周圍環境，一旦發現有尚未潛入果實內部的幼蟲時，便可立即撲滅。若果實已有洞，表示幼蟲可能潛入，必須切開果實，才能消滅幼蟲。使用防蟲網可以防止成蟲靠近，因為夜蛾屬於夜行性，所以白天時將網子掀開也無妨。

藥品對策

如果幼蟲已經潛入果實，即使施用藥劑，也難以達到防除的作用。最好在幼蟲開始出沒的6月，選擇適合該種植物的殺蟲劑，仔細噴灑，連嫩葉和花也不要遺漏。蔬菜類、康乃馨、菊花等，如果遭受番茄夜蛾啃食，可使用蘇力菌等藥劑。

介殼蟲類

1 線棉介殼蟲的卵囊呈圈狀。牠們會寄生在植物上,吸取汁液,之後會分泌出甜汁,有時會併發煤煙病。
2 吹綿介殼蟲有腳,長到成蟲時能自由移動。
3 剛孵化的幼蟲,可以在植物上移動。但幾個小時之後,腳就會退化,只能固定在樹幹和枝條上生活。

出現時期

(月)

1	2	3	4	5	6	7	8	9	10	11	12
一整年都會繁殖出幼蟲											

■ 出現時期　■ 預防時期　■ 驅除時期

是什麼樣的害蟲?

所謂的介殼蟲泛指所有外型像背著貝殼的害蟲,不過有些種類(粉介殼蟲)並沒有殼。生態具多元性,有些種類會附著在枝條和樹幹,也有些能靠腳到處移動。

容易發生的部位

枝、幹、葉

容易遭受蟲害的植物

玫瑰、繡球花、梅、梔子花、無花果、柑橘類、桃子、柿子、聖誕紅、蟹爪蘭、常春藤、嘉德麗亞蘭等。

防治對策

通風不良會提高發病機率,除了避免密植,也必須定期修整過於茂密的枝葉。放置於室內和陽台的盆栽,也該保持適當的間距,以維持通風順暢。附著在枝條和樹幹的成蟲,最好以牙刷小心翼翼地撢掉,以免傷及葉片和嫩芽。記得也要檢視周圍的環境,確認有無遺漏。購買苗木和盆花時,要避免挑選到已被害蟲寄生的個體。

藥品對策

因為全身被厚殼包覆,即使施用藥劑也很難見效。不過剛完成孵化、尚未長出厚殼的幼蟲,倒是很容易被藥劑消滅,所以建議在幼蟲出現的4～7月,選擇該種植物適合的藥劑,每月噴灑二、三次。會到處移動的粉介殼蟲,因為身上沒有殼,不論何時使用藥劑對付,都能得到很好的效果。若是種植柑橘類,在冬天噴灑礦物油乳劑,可以達到防治作用。

天牛類

1 黃星天牛成蟲的觸角比身體還長。除了在樹皮挖洞，也會啃食嫩枝的皮。

2 圖為琉璃天牛造成的損害情況，啃食範圍會深入枝條內部。枝條被幼蟲啃食後，會產生纖維狀的木屑。沒有適用的藥劑，只能以細針刺入洞穴中刺殺。

3 將木屑清除乾淨後就能看到幼蟲。

4 圖為菊虎造成的損害情況。成蟲會鑽洞、產卵，造成鑽洞處以上的部位枯萎。

原因就是它！

出現時期

												(月)
1	2	3	4	5	6	7	8	9	10	11	12	

一整年都會繁殖出幼蟲

■ 出現時期　■ 預防時期　■ 驅除時期

是什麼樣的害蟲？

屬於咀嚼式害蟲，特徵是有著長長的觸角。幼蟲稱為「鐵砲蟲」，會潛藏在樹幹內，挖築隧道，導致樹體變得虛弱。損害嚴重的情況下，樹木也可能枯萎。

容易發生的部位

幹、枝、莖（菊虎）

容易遭受蟲害的植物

玫瑰、楓樹類、櫻花、白樺樹、無花果、蘋果、橄欖、栗子等；菊花、鋸齒草等（菊虎）。

🔧 防治對策

夏天在樹上看到星天牛等種類的成蟲時，應立刻將牠撲滅。如果看到枝條上出現木屑和糞便，必須連枝剪除，消滅裡面的幼蟲。也可以將細針等尖銳物，插入有木屑和糞便附著的洞穴，達到消滅的目的。看到菊虎的成蟲時，也要立刻捕殺。如果種植的是菊科植物，平日就要養成觀察的習慣，以便在第一時間發現並及時處置。在成蟲出沒的時期，可用防寒紗等覆蓋植物，以免天牛靠近。

💊 藥品對策

發現有天牛鑽孔留下的木屑時，先把木屑清除乾淨，再噴灑適合該種植物的藥劑，以驅除幼蟲。對付會啃食玫瑰、楓樹類、無花果、枇杷、柑橘類的星天牛，可以使用百滅寧等驅蟲劑。

椿象類

1 九香蟲以杉木的松果為食,會大量繁殖。成蟲會吸食桃子和柑橘類果實的汁液。
2 九香蟲的卵和孵化而成的幼蟲。

出現時期

(月)

1	2	3	4	5	6	7	8	9	10	11	12

■ 出現時期　■ 預防時期　■ 驅除時期

是什麼樣的害蟲?

一被觸碰時就會發出異臭。種類繁多,體型大小、紋路、體色都各不相同。

容易發生的部位　新芽、葉、莢、果實

容易遭受蟲害的植物

梅、柿子、桃子、柑橘類、毛豆、蠶豆、青椒、茄子、酸漿等。

✚ 防治對策

養成隨時觀察植物的習慣,一旦發現幼蟲和成蟲就立刻撲滅。牠們會藏身在落葉底下或雜草地,並且能在這些地方越冬,所以落葉和雜草的清理要徹底執行,不要讓牠們有機會越冬。將果樹類套袋,可以達到防治的效果。

💊 藥品對策

椿象對果樹和豆類造成的危害特別顯著,建議配合其出沒時間,選擇撲滅松等適用該種植物的藥劑,反覆噴灑。

✚ 防治對策

在容易出現的時期,加強對葉片背面的檢查,以便早期發現、早期撲滅。維持良好的通風環境,避免密植,保持適當的間距,並且定期修剪、整枝。冬天時要勤勞地清除雜草和落葉,讓害蟲沒有越冬的機會。

💊 藥品對策

損害如果逐步擴大,植物會變得越虛弱。最好在害蟲一開始出現時,使用適合該種植物的殺蟲劑,以葉片背面為重點,仔細噴灑植物整體。

成蟲會在葉片裡面產卵。孵化而出的幼蟲不但會棲息在葉片背面,也從這裡吸取汁液。

網椿類(軍配蟲)

出現時期

(月)

■ 出現時期　■ 預防時期　■ 驅除時期

1	2	3	4	5	6	7	8	9	10	11	12

是什麼樣的害蟲?

從葉片背面吸食汁液,特徵是會在葉片留下排泄物,因此看起來黑點密布。被啃食的葉子會長出許多白色小斑點。

容易發生的部位　葉

容易遭受蟲害的植物

杜鵑軍配蟲:杜鵑花、梅等;菊花軍配蟲:菊花、向日葵等。

毛蟲類

1 圖為蘋掌舟蛾。孵化而出的幼蟲會集中在某一處啃食，成長後再逐漸分散，所以受害的範圍也跟著擴大。

2 幼蟲群聚在葉片背面，啃食到只留下表皮。結果葉片變成黃白色，相當醒目。

置之不理的話……

幼蟲會分散開來，使受害範圍擴大。圖為葉片被啃光後，只剩下光禿樹幹的樹木。

出現時期

(月)

1	2	3	4	5	6	7	8	9	10	11	12

■ 出現時期　　■ 預防時期　　■ 驅除時期

是什麼樣的害蟲？

泛指身體覆蓋著細毛的所有蛾類幼蟲。成蟲一般都在夜間活動，以葉片為食物來源，並在葉片背面大量產卵。孵化而出的幼蟲會群聚一起啃食植物，但成長之後會分開行動。

容易發生的部位

葉、花、蕾、莖、果實

容易遭受蟲害的植物

山茶花、大花山茱萸、歐丁香、楓樹、梅、蘋果、加拿大唐棣、櫻花、梨子、柿子、桃子、百日紅、藤等。

🗄 防治對策

「早期發現、早期防治」最重要。有些種類的體毛具備毒性，會對人類造成傷害，例如茶毒蛾，所以千萬不可徒手捕捉。幼蟲長大後不再成群結隊，捕捉上會比較費工夫，所以最好趁孵化完成後，馬上連枝或葉片剪下，裝入塑膠袋等妥善回收。以卵塊的型態越冬的機率很高，所以到了冬天要養成檢查葉片背面的習慣。如有發現，立刻連同附著卵塊的枝條剪下回收。

💊 藥品對策

針對不同植物使用適合的殺蟲劑固然重要，不過用藥後能否見效的關鍵還是在「及早噴灑」。因為隨著幼蟲成長，藥劑會逐漸失效，所以最好在幼蟲出現的一開始，還保持集體行動的時候噴灑最有效。如果山茶花和茶梅被茶毒蛾侵害、櫻花被美國白蛾啃食、大花山茱萸被舞毒蛾侵害等情況，可噴灑ベニカJスプレー（成分為可尼丁＋芬普寧，台灣無此產品，可用賽洛寧替代）藥劑。

金龜子類

1 植物根部若遭受幼蟲啃咬，植物就無法順利吸收養分，甚至導致枯萎。

2 啃食葉片的豆金龜，會將葉片啃食到只剩下葉脈，最後變得殘破不堪。

出現時期

| | | | | | | | | | | | | (月) |
|1|2|3|4|5|6|7|8|9|10|11|12|

幼蟲
成蟲

捕捉土中的幼蟲

■ 出現時期　■ 預防時期　■ 驅除時期

是什麼樣的害蟲？

乳白色的幼蟲，會潛藏在土中啃食根部。成蟲啃食的目標是花瓣、葉、蕾等。

容易發生的部位　花、蕾、葉、根部（幼蟲）

容易遭受蟲害的植物

玫瑰、繡球花、山茶花、櫻花、葡萄、柿子、梨子、大麗菊、地瓜等。

🧰 防治對策

棘手之處在於金龜子會到處飛來飛去，不一定會隨時待在被害的植物上。因此只要發現成蟲，就應該立即消滅。看到成蟲靠近腐葉土和未發酵的堆肥時，表示成蟲正在產卵，必須特別注意。翻土時如果找到幼蟲，應立刻撲滅。

💊 藥品對策

噴灑撲滅松等適合該種植物的藥劑。若要對付幼蟲，在定植時將毆殺松等適用藥劑混入土壤之內。

🧰 防治對策

粉蝨是體長約1mm的小蟲，具備群居的特質。可利用其討厭太陽反射光的特性，使用銀黑色塑膠布避免牠靠近。另外，除了使用黃色黏蟲紙誘捕，也要勤加拔除雜草，讓害蟲失去棲身之所。

💊 藥品對策

粉蝨的體型非常微小，所以等到發覺時，往往已造成災情，無法挽救。如果能在粉蝨一開始出現時就噴灑殺蟲劑，才有效果。選擇該種植物適用的藥劑，以葉片背面為主，仔細噴灑。

溫室粉蝨可寄生在多種植物，會在短期內大量繁殖，誘發植物感染煤煙病。

粉蝨類

出現時期

| | | | | | | | | | | | | (月) |
|1|2|3|4|5|6|7|8|9|10|11|12|

■ 出現時期　■ 預防時期　■ 驅除時期

是什麼樣的害蟲？

一搖晃植物，就會出現如粉塵般揚起的害蟲。成蟲和幼蟲都會待在葉片背面吸食汁液。

容易發生的部位　葉

容易遭受蟲害的植物

扶桑花、梔子花、柑橘類、聖誕紅、小黃瓜、南瓜、哈密瓜等。

尺蠖

幼蟲的啃食量隨著成長而逐漸增加，如果沒有及早發現，葉子有可能被吃得一乾二淨。

出現時期

												(月)
1	2	3	4	5	6	7	8	9	10	11	12

雲斑枝尺蛾
腎斑尺蛾

■ 出現時期　■ 預防時期　■ 驅除時期

是什麼樣的害蟲？

尺蠖為尺蛾類幼蟲的總稱。幼蟲以蠕動的方式移動，有些會擬態為小樹枝。

容易發生的部位　葉

容易遭受蟲害的植物

冬青衛矛、檀木、齒葉冬青、梅、櫻花、菊花、柑橘類、無花果、蘆筍等。

🧰 防治對策

一旦發現幼蟲就立即消滅，不過有些擬態為枯枝的種類難以辨識，必須仔細觀察才不會錯過。如果疏於整理雜草和生長在樹下的草叢，更容易讓害蟲有機可趁，而且落葉也要清掃乾淨，用心保持周邊環境的整潔。

💊 藥品對策

藥劑對已經長大的幼蟲效果有限，所以最好在幼蟲剛出現時，就噴灑該種植物適用的藥劑。仔細噴灑植株整體，尤其是葉片背面不可遺漏。

螟蛾幼蟲類

🧰 防治對策

切下遭到侵害的莖，捕殺裡面的幼蟲。被啃食的新梢以及被開了小洞的果實，都要盡早摘除回收。將果實套袋，可以防止害蟲入侵，在套袋前需先確認果實內沒有蟲。

💊 藥品對策

對付螟蛾幼蟲的棘手之處在於牠們會潛入莖中，所以即使噴灑藥劑，效果也有限。蒟芽螟蛾的幼蟲可用毆殺松等適用該種植物的藥劑防除。

出現時期

												(月)
1	2	3	4	5	6	7	8	9	10	11	12

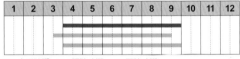

■ 出現時期　■ 預防時期　■ 驅除時期

是什麼樣的害蟲？

螟蛾的幼蟲會在新梢或果實內鑽孔，蠶食內部。從被啃咬的開口會流出糞便，而且開口往上的部分會逐漸枯萎。

容易發生的部位　果實、新梢

容易遭受蟲害的植物

菊花、款冬、茄子、桃子、李子、梨子、蘋果、豆類等。

圖為被蠶食的茄子。切開流出排泄物的開口下方的莖，可看到裡面的幼蟲。上面的部分則已經呈現枯萎狀。

線蟲類

植物若被線蟲寄生，發育情形便會逐漸惡化。如果是蔬菜，甚至可能無法收成。

出現時期

(月)

■出現時期　■預防時期　■驅除時期

1	2	3	4	5	6	7	8	9	10	11	12
		播種時·植苗時									
								清除受害的植株			

是什麼樣的害蟲？

體長不到1mm，對植物造成的損害不一。有些種類會讓根部腐爛，或讓根部長瘤，也有些是讓葉片枯萎。

容易發生的部位　葉、根

容易遭受蟲害的植物

鐵線蓮、矮牽牛、番茄、秋葵、牛蒡、紅蘿蔔、牡丹、菊花等。

🗃 防治對策

遭受蟲害的植株必須連根掘起、妥善回收，避免根部殘留於土壤。害蟲如果棲息在苗株的根部或球根，可能會繼續在土壤中繁殖，所以請務必選購健全的苗株和球根。容易被線蟲感染的植物最好避免連續栽作。

💊 藥品對策

為了防治被線蟲感染，番茄、茄子、青椒、小黃瓜、紅蘿蔔、地瓜等，建議在播種和植苗之前，於土壤中混入福賽絕粒劑。

圖為*Ectatorhinus adamsii* Pascoe象鼻蟲（有人稱呼為寬肩象鼻蟲）。成蟲除了啃食麻櫟、枹櫟等樹木的新芽，也會啃食成熟的果實。

象鼻蟲類

出現時期

(月)

1	2	3	4	5	6	7	8	9	10	11	12
							蔬菜象鼻蟲				

■出現時期　■預防時期　■驅除時期

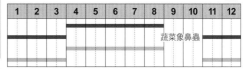

🗃 防治對策

隨時仔細觀察花蕾和新芽，才能及時發現害蟲。一旦發現有植物受害時，最好利用清晨、黃昏等害蟲活動力遲緩的時候，捕捉成蟲並將之撲滅。除了遭到啃咬的植物部分，連同掉落在地面的部分也要一起清理。

💊 藥品對策

因為成蟲會飛來飛去，即使施用藥劑也不容易將之驅逐。最好在成蟲一開始出沒時，連同植物的周邊，噴灑毆殺松等適用的藥劑。

是什麼樣的害蟲？

屬於甲蟲之一。種類繁多，不論是哪一種都會啃食嫩葉、莖和花蕾。除了對植物造成傷害，牠們也會在植物上產卵。

容易發生的部位　花蕾、新芽、果實

容易遭受蟲害的植物

玫瑰、百日紅、藤、杜鵑類、菊花、桃子、梅子、枇杷、紅蘿蔔、白蘿蔔等。

擬瓢蟲類

外型雖然與瓢蟲相似，但本種為害蟲，而且全身長著細毛，很容易與瓢蟲區別。

出現時期

(月)

1	2	3	4	5	6	7	8	9	10	11	12
		撲滅越冬的成蟲									

■ 出現時期　■ 預防時期　■ 驅除時期

是什麼樣的害蟲？

不論是成蟲或幼蟲都以茄科蔬菜為食，特徵是將葉片啃食成網狀，只留下葉脈。

容易發生的部位　葉

容易遭受蟲害的植物

酸漿、馬鈴薯、茄子、青椒、番茄、菜豆、豌豆、辣椒等。

🧰 防治對策

只要發現在葉片背面產下的卵、幼蟲、成蟲，都應該立即消滅。成蟲會躲在落葉下等處然後越冬，所以落葉的清掃作業絕對不可馬虎。越冬後，牠們會聚集在馬鈴薯等茄科蔬菜，因此最好不要在附近種植其他茄科蔬菜。

💊 藥品對策

噴灑該種植物適用的藥劑。如果在越冬後花點時間驅除聚集在馬鈴薯的害蟲，就能降低其他植物日後被侵害的機率。

🧰 防治對策

基本對策是「早期發現、早期驅除」。只要發現卵和幼蟲，立刻連枝剪下回收。因為成蟲已不再集體行動，處理起來就比較困難，所以最好利用在幼蟲或卵階段時具有群生的特性，先下手為強。作業時，記得手不要接觸到毒毛。

💊 藥品對策

選擇適合該種植物的殺蟲劑，在幼蟲剛開始群聚時，噴灑於植物整體。庭園樹木類可用ベニカJスプレー（成分為可尼丁＋芬普寧，台灣無此產品，可用賽洛寧替代）藥劑。

毒蛾類

出現時期

(月)

1	2	3	4	5	6	7	8	9	10	11	12
		茶毒蛾									
		紋白毒蛾									

■ 出現時期　■ 預防時期　■ 驅除時期

是什麼樣的害蟲？

在有毒的毛蟲中，最具代表性的是茶毒蛾和紋白毒蛾。牠們會集體蠶食葉片。

容易發生的部位　葉

容易遭受蟲害的植物

茶、山茶花、茶梅、櫻花、日日春、藤、梅、蘋果、梨子、柿子等。

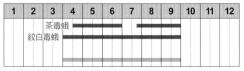

1 茶毒蛾在幼蟲階段時會群聚於某片葉子上，排成接近筆直的隊伍，蠶食葉片。群聚現象隨著成長會逐漸消失。
2 白斑毒蛾的體表帶有非常細的毒針，並不是長毛。

切根蟲類

出現時期

蕪菁夜蛾是極具代表性的切根蟲。即使只有單獨一隻,也會不斷啃食植株,造成嚴重的災情。

	1	2	3	4	5	6	7	8	9	10	11	12

（月）
■ 出現時期　■ 預防時期　■ 驅除時期

是什麼樣的害蟲?

從與土壤交界處啃斷莖部,讓苗株倒塌是切根蟲的拿手好戲。他們在白天時潛伏,等到夜間才爬出行動,危害植物。

容易發生的部位　葉、莖

容易遭受蟲害的植物

菊花、大麗菊、玫瑰、圓三色菫、鬱金香、豌豆、高麗菜、小黃瓜等。

🏥 防治對策

輕輕挖起植株底部附近的土壤,找出幼蟲撲滅;被咬斷的苗株會枯萎,必須準備備用的苗株補植。日常的除草工作要做得仔細。定植時,將上下兩端切掉的寶特瓶插入土中,當作苗株的保護罩,可以減輕危害的程度。

💊 藥品對策

選擇毆殺松和丁基加保扶等植物適用的藥劑,在定植苗株時以及幼蟲剛開始出現時噴灑植株底部。

🏥 防治對策

大約在晚上八點害蟲開始出沒以後,巡視植物周邊和盆栽底部,如有發現蛞蝓的蹤跡就立即消滅。有落葉時要清理乾淨。澆水量也要控制得宜,避免濕度太高,並且保持良好的通風。不要把盆栽直接放在地面上。

💊 藥品對策

在受害的植物周圍撒上引誘劑,便能更容易捕捉到害蟲。要注意的是,雨水和澆水會稀釋藥劑的濃度,效果也跟著減弱。

■ 他們在白天時會隱身在盆底、落葉或者石頭底下,夜間才出來活動。
② 圖為琉球球蝸牛。和蝸牛一樣都會蠶食葉片。

蛞蝓類

出現時期

	1	2	3	4	5	6	7	8	9	10	11	12

（月）

撒引誘劑
捕殺

■ 出現時期　■ 預防時期　■ 驅除時期

是什麼樣的害蟲?

被視為害蟲的陸生貝類。會啃食葉、花瓣、果實等處。

容易發生的部位　花、蕾、新芽、新葉、果實

容易遭受蟲害的植物

鐵線蓮、大波斯菊、圓三色菫、櫻草屬、嘉德麗亞蘭、草莓、白蘿蔔、白菜等。

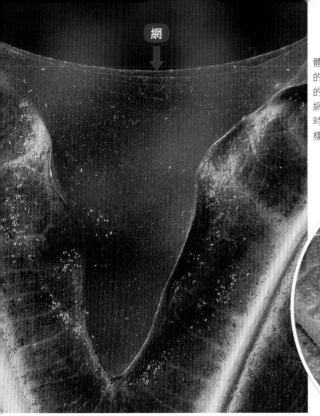

網

體長0.2～0.4mm
的小蟲，具有強烈
的群聚特性。會結
網的葉蟎孳生太多
時，就會像蜘蛛一
樣結出巢狀的網。

葉蟎類

神澤氏葉蟎的繁殖速度很快，如
果防治的腳步稍慢，就可能造成
嚴重的損害。為了預防葉蟎孳
生，最好不時在葉片灑水。

出現時期

(月)

1	2	3	4	5	6	7	8	9	10	11	12
在溫暖的室內則是一整年											

■ 出現時期　■ 預防時期　■ 驅除時期

是什麼樣的害蟲？

屬於蜘蛛綱的節肢動物，而不是昆蟲，被視為
吸汁式害蟲。主要附著在葉片背面吸食汁液，
導致葉片出現白色斑點。如果斑點長得太多，
整片葉子會變得泛白，並阻礙光合作用進行，
對發育產生不良的影響。

容易發生的部位

葉、葉片背面、花瓣

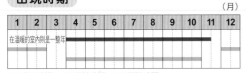

容易遭受蟲害的植物

蘇丹鳳仙花、萬壽菊、玫瑰、齒葉冬青、桂
花、皋月杜鵑、袖珍椰子、變葉木、小黃
瓜、毛豆等。

🧰 防治對策

日常管理時養成觀察葉片背面的習慣，及時發現群
聚於葉片背面的葉蟎。若要用膠帶等捕殺時，動作
需小心謹慎，以免葉片受損。植株間保持適當的間
隔，避免密植，以維持良好的通風環境。葉蟎不耐
濕氣，所以在牠們剛開始出現時，如果在葉片背面
灑水，可以達到抑止的效果。記得在雨天時，把原
本放在室內、走廊或陽台等遮蔽處的盆栽拿到室
外，讓雨水打落葉蟎，或者用水管在葉片灑水，也
可以降低受損的程度。

💊 藥品對策

葉蟎大量群聚時會開始結網，這時候使用藥劑也難以
發揮效用，所以應該在一開始出現時，仔細噴灑適用
的殺蟎劑，包括葉片背面等處都不可遺漏。藥劑如果
噴得不均勻，苟延殘喘的葉蟎會繼續繁殖，必須多加
注意。另外，如果一再地重複噴灑同種藥劑，會使效
果逐漸減弱，最好輪流使用不同類型。也推薦使用以
可食性澱粉為成分的藥劑（台灣無此類產品）。

葉蜂類

3 蕪菁葉蜂幼蟲的體色是具有光澤的黑色。如果被觸碰，就會迅速掉落地面。

4 蕪菁葉蜂的成蟲。

1 杜鵑三節葉蜂的特徵是身體有許多黑斑。常見的受害植物包括杜鵑和皋月杜鵑。

2 杜鵑三節葉蜂的成蟲。

5 玫瑰三節葉蜂是危害玫瑰的主要害蟲，具備群聚的習性。會從葉緣開始，把葉片啃食得一乾二淨。

6 玫瑰三節葉蜂的成蟲。

出現時期

												（月）
1	2	3	4	5	6	7	8	9	10	11	12	

■ 出現時期　　■ 預防時期　　■ 驅除時期

是什麼樣的害蟲？

幼蟲的體型宛如小型毛蟲，會集體或單獨蠶食葉片。每一種葉蜂啃食的植物種類不同。孳生的數量太多時，葉子會被啃食殆盡，造成生長狀態不佳，甚至無法開花。

容易發生的部位

葉

容易遭受蟲害的植物

玫瑰（玫瑰三節葉蜂）、杜鵑類（杜鵑三節葉蜂）、紫羅蘭、葉牡丹、白蘿蔔、蕪菁（蕪菁葉蜂）等。

🏥 防治對策

一旦發現牠們的蹤跡，不論是產卵中的成蟲、出現在葉片背面和葉子上的幼蟲等，都要立刻撲滅，如果放任不管，葉片會被葉蜂啃食殆盡。對付任何種類的葉蜂，關鍵都是「早期發現、早期防治」。三節葉蜂類會群聚在玫瑰、杜鵑、皋月杜鵑的新芽和葉上，所以直接連葉剪除是最方便的解決方式。蕪菁葉蜂侵害的植物種類大多是十字花科蔬菜，建議在播種後套上防蟲網，避免葉蜂在裡面產卵。

💊 藥品對策

幼蟲對藥劑的抵抗力很弱，算是容易消滅的害蟲。可以在牠們一開始出現時，使用毆殺松等適合該種植物的藥劑噴灑在植物整體。例如玫瑰適用ベニカ×スプレー和ベニカ×ファインスプレー（台灣無此綜合成分的藥劑，可用百滅寧替代）、杜鵑可選擇オルトランC（為毆殺松＋撲滅松＋賽福寧的綜合成分商品，台灣無此產品）、白蘿蔔和蕪菁則用馬拉松乳劑等。

捲葉蟲類

打開被白絲覆蓋的映山紅葉片，就會發現綠色的茶捲葉蛾。

出現時期

1	2	3	4	5	6	7	8	9	10	11	12	(月)

■ 出現時期　　■ 預防時期　　■ 驅除時期

是什麼樣的害蟲？

屬於捲蛾類之一，會將葉片捲起並在裡面吐絲築巢。把葉片張開，可看到毛蟲狀的幼蟲。

容易發生的部位　葉

容易遭受蟲害的植物

芙蓉、齒葉冬青、小葉黃楊、石楠花、山茶花、蜀葵、柿子、秋葵等。

🧰 防治對策

藏於巢中的幼蟲，食量會隨著成長而增加，所以要隨時觀察植物，以便及時發現、及時處理。處置方法是壓碎被捲起和吐絲的葉片，或者打開葉片，撲殺裡面的幼蟲。不過幼蟲的動作很敏捷，一不小心就會逃走，要多加留意。

💊 藥品對策

如果葉片已經完全被捲起來，這時噴灑藥劑的效果會大打折扣。一定要在幼蟲剛出現時，選擇適用該種植物的藥劑，噴灑於植物整體，才能對葉裡的幼蟲發揮效用。

🧰 防治對策

一旦看到飛來的成蟲就立刻消滅，而且最好是在涼爽的清晨下手，因為這時牠們的動作比較遲緩。除了用防蟲網覆蓋植物外，也可以利用金花蟲討厭發亮物的特性，在植物底部鋪上銀黑色塑膠布，便能阻止牠們靠近。

💊 藥品對策

在成蟲剛開始出現時，可用適合的藥劑噴灑植物整體；但是成蟲會不斷增加，即使噴灑了藥劑，效果也不甚明顯。

紅背豔猿金花蟲的外型美麗，具有金屬光澤感，彷彿閃耀著光芒一樣。但牠也是會囓食葡萄葉的害蟲。

金花蟲類

出現時期

1	2	3	4	5	6	7	8	9	10	11	12	(月)

捕殺

■ 出現時期　　■ 預防時期　　■ 驅除時期

是什麼樣的害蟲？

因為會啃食葉片，所以在日文中被稱為「葉蟲」。有些種類的成蟲會啃食葉片，但幼蟲則以根部為食。

容易發生的部位　花瓣、新葉、葉

容易遭受蟲害的植物

藤、石竹、桔梗、菊花、小黃瓜、南瓜、小松菜、高麗菜、蕪菁等。

潛葉蛾

被柑橘潛葉蛾的幼蟲啃食的部位，會留下扭曲狀的白色線痕。

出現時期

(月)

1	2	3	4	5	6	7	8	9	10	11	12

■ 出現時期　■ 預防時期　■ 驅除時期

是什麼樣的害蟲？

只棲息在葉肉中的特殊害蟲。不但會啃食葉肉，還會留下線狀和圓形袋狀的咬痕。

容易發生的部位　新葉、果實

容易遭受蟲害的植物

櫻花、花桃、垂絲海棠、柑橘類、水蜜桃、蘋果、柿子、梨子、蔥、洋蔥等。

🧰 防治對策

植物被啃咬後，不只美觀度大減，如果害蟲孳生的數量太多，也會造成葉片掉落，對發育造成不良影響。平常要養成觀察植物的習慣，才能及早防治。只要發現位在線痕前端的幼蟲和蛹的蹤影，立刻用手指壓死，連葉片一起摘除回收。

💊 藥品對策

害蟲會潛入葉肉，所以難以藉由藥劑防治。如果要噴灑藥劑，必須在害蟲一開始出現時，把適用該種植物的藥劑噴灑在植物整體。

直接觀察植物外觀時，不容易看到蟲的蹤影，但是在陽光底下，藏在葉裡的幼蟲和蛹則清晰可見。

潛葉蠅

出現時期

(月)

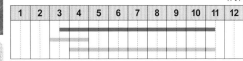

1	2	3	4	5	6	7	8	9	10	11	12

■ 出現時期　■ 預防時期　■ 驅除時期

是什麼樣的害蟲？

好發於草花和蔬菜，被啃食的部位會留下有如圖畫般的白色紋路。

容易發生的部位　葉

🧰 防治對策

當受害程度變嚴重時，葉片整體都會被啃食、發白，導致發育不良。所以平常要多觀察植物，以便及早發現出現在葉片的白色條紋，一旦發現時，就立刻將停留在條紋前端的幼蟲和蛹捏死，並且連葉片一起摘除回收。

💊 藥品對策

在害蟲一開始出現時，把適用該種植物的藥劑噴灑在植物整體，或者把粒劑撒在植株底部。也可以在植苗之前，先把粒劑混入挖好的土壤中。

容易遭受蟲害的植物

山茶花、桂花、旱金蓮、甜菜根、豌豆、茼蒿、西洋芹等。

遲遲不開花

細蟎類

1 遭受細蟎侵害的仙客來，除了花朵變形，花蕾也會遲遲無法開花。

2 圖為被茶細蟎侵害的蘇丹鳳仙花。茶細蟎會寄生在新芽和新葉，造成新葉無法展開，生長不良，而且不開花。

3 仙客來細蟎也會寄生在非洲紫羅蘭上，所以仙客來與非洲紫羅蘭兩種植物不可以放得太近。

出現時期

											(月)
1	2	3	4	5	6	7	8	9	10	11	12

■ 出現時期　　■ 預防時期　　■ 驅除時期

是什麼樣的害蟲？

具備群聚習性的吸汁式害蟲。體長僅約0.2～0.3mm，肉眼不容易辨識，所以等到發現時，災情往往已經蔓延。除了葉片和花變形，生長點也會停止生長。

容易發生的部位

新葉、莖、果實、花蕾

容易遭受蟲害的植物

茶、蘇丹鳳仙花、非洲紫羅蘭、仙客來、菊花、梨子、桃、無花果、茄子、番茄、小黃瓜、草莓、黃豆等。

🛡 防治對策

細蟎不像其他害蟲會在葉片上咬出許多破洞，所以即使遭受侵害，有時候也渾然不覺，因此日常必須多加注意。如果造成嚴重的損害，必須拔除枯萎的植株。雜草也要清除乾淨，以免成為細蟎越冬的溫床。購買植物之前，必須仔細確認新芽和新葉有無畸形、萎縮或其他異常之處。選購健康的植株後，要避免密植，讓植株間保持適當的間隔。

💊 藥品對策

細蟎的繁殖力很強，容易造成大範圍的災情。一旦發現新葉出現畸形或新芽萎縮等異常情況，立刻使用適合該種植物的殺蟎劑，仔細噴灑植物整體，就連葉片背面也不要放過。藥劑很難對潛藏於花蕾的細蟎產生作用，只能先清除變形的花蕾再噴灑藥劑。另外，為了防止其他植物也受到感染，清除病變的部分後，再以適用的藥劑噴灑周圍環境。

蓑蛾類

茶蓑蛾會利用樹枝製作蓑巢，在秋天時把蓑巢牢牢固定在樹枝上越冬。

出現時期

											(月)
1	2	3	4	5	6	7	8	9	10	11	12

■ 出現時期　■ 預防時期　■ 驅除時期

是什麼樣的害蟲？

俗稱為「蓑衣蟲」、「避債蛾」。會以樹枝和枯葉編造出自己的蓑巢，並垂吊在樹枝下等處。

容易發生的部位　新葉、果實

容易遭受蟲害的植物

楓樹類、日日春、杜鵑、山茶花、櫻花、梅、柿子、藍莓等。

🏥 防治對策

日常養成觀察植物的習慣，以便及早發現。幼蟲會待在蓑巢裡越冬。到了落葉的冬天，比較容易發現牠們的蹤影，一旦發現了就立刻撲滅。在幼蟲的繁殖期，找到群生的幼蟲時，要連同牠們棲息的葉片從枝條剪除回收。

💊 藥品對策

因為有蓑巢的保護，使用殺蟲劑的效果並不明顯。只能趁幼蟲還小的時候，噴灑該種植物適用的藥劑。

🏥 防治對策

將被捲起和吐絲的葉片用手指直接壓碎，或者打開葉片，捕殺裡面的幼蟲。如果是種植十字花科蔬菜，在播種或植苗後，直接覆蓋上防蟲網。當發現雌花的柱頭稍微變色或變成茶色時，必須切下雄花回收。

💊 藥品對策

幼蟲會躲進已被吐絲的葉裡，或潛入莖或果實部位，所以不容易驅除。最好在害蟲剛開始出現時，噴灑該種植物適用的藥劑。

圖為棉捲葉野螟的幼蟲，從捲成筒狀的秋葵葉裡現身。

螟蛾類

出現時期

											(月)
1	2	3	4	5	6	7	8	9	10	11	12

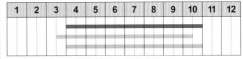

■ 出現時期　■ 預防時期　■ 驅除時期

是什麼樣的害蟲？

種類繁多，有些會把葉片捲起來或是吐絲，也有些會潛入莖和果實。

容易發生的部位　葉、莖、果實

容易遭受蟲害的植物

桂花、黃楊、桃子、紫蘇、白蘿蔔、高麗菜、白菜、玉蜀黍等。

夜盜蟲類

1 夜盜蟲也會啃食果實。牠們白天都隱身在葉的陰影處或土壤中，等到夜間才出來活動，所以發現時往往為時已晚。

2 斜紋夜盜蟲的卵塊，覆蓋著一層土黃色的鱗毛。甜菜夜蛾的鱗毛則是白色的，兩者可以用鱗毛顏色做區別。

卵

疏於防治的話……

孵化而成的幼蟲會群聚在葉片背面，但隨著成長會逐漸分散，然後分頭把植株啃個精光。

出現時期

1	2	3	4	5	6	7	8	9	10	11	12

■ 出現時期　■ 預防時期　■ 驅除時期

是什麼樣的害蟲？

外型像毛蟲的蛾類幼蟲，啃食對象是蔬菜和草花。雖然稱之為「夜盜蟲」，但是要等到幼蟲長到很大了，作息才會改成夜行性。剛孵化的幼蟲會群聚在葉片表面，開始啃食葉片，最後只留下表皮。

容易發生的部位

葉、花瓣、花蕾

容易遭受蟲害的植物

玫瑰、鐵線蓮、紫羅蘭、葉牡丹、菊花、鳳仙花、天竺葵、高麗菜、白菜、青花菜、萵苣、蔥、番茄等。

🏥 防治對策

幼蟲隨著成長會逐漸分散，食量也隨之增加。平常要多觀察植物，才能及早發現啃食痕跡、卵或幼蟲。如果看到位於葉片背面的卵塊和幼蟲，必須立刻撲滅，連同葉片一起回收。如果發現茶色或綠色的粒狀糞便，或者只看到啃食痕跡，卻不見害蟲的蹤影時，請仔細搜索植株底部的土壤。周邊的雜草也要勤快拔除。

💊 藥品對策

幼蟲長大後對藥劑會產生抵抗力，只能趁體型尚小時噴灑藥劑防治。除了選擇該種植物適用的藥劑，噴灑時連同葉片背面都不能遺漏，也可以把顆粒型藥劑撒在植株底部。玫瑰、三色菫、天竺葵可用毆殺松；高麗菜和白菜可用蘇力菌等微生物殺蟲劑。

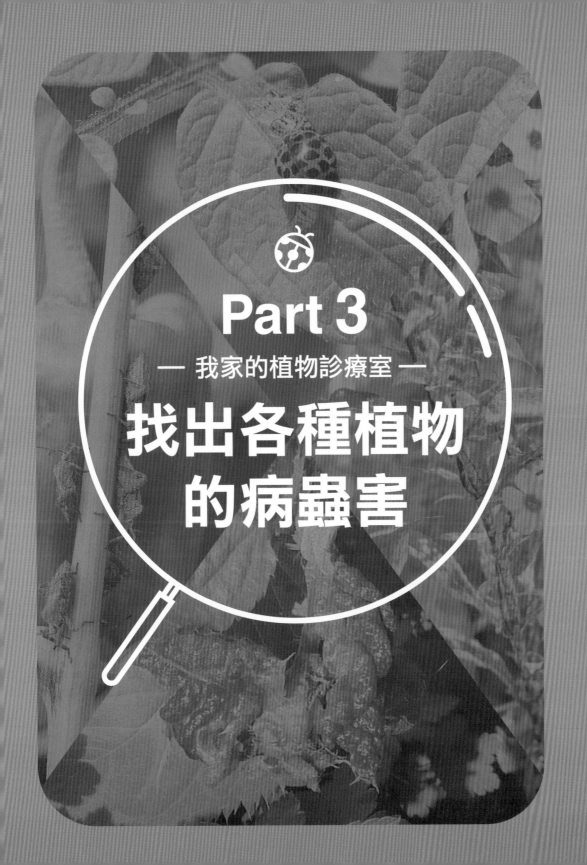

Part 3

— 我家的植物診療室 —

找出各種植物 的病蟲害

防治病蟲害的重點

　　在大自然中生長的植物，遭遇病蟲害的機率不多。原因在於透過天敵等因素，生態得以維持平衡，所以植物能夠在得天獨厚的環境下生長。但是，居家營造的菜園、庭園、盆栽等人工環境，無法與大自然相提並論，對植物而言是過於嚴苛的環境，因此提高了發生病蟲害的機率。

　　病蟲害防治的關鍵在於「及早發現」與「及早應對」。即使遭受損害，但只要在災情擴大之前做出正確的對應，就能夠把損害控制到最低。害蟲大多會出沒於植物的受損部位附近，所以只要花點耐心，就能將害蟲趕盡殺絕。處理的重點在於立刻將染病的植株拔除、燒毀等，以免其他植株受到感染，因為病情一旦蔓延開後，防治會變得格外棘手。

在大自然裡，天敵等各方面因素會保持均衡狀態，病蟲害發生的機會自然減少許多。

1 掌握疾病的症狀和害蟲的生態

若要分析為何植物的生長情況惡化、莖葉變色、腐爛枯萎，可粗略分為「疾病」和「害蟲」兩大因素。不論是疾病或害蟲所引起，植物都會出現各式各樣的症狀。

基本上，疾病和害蟲都有好發的季節或環境。而且在某種程度上而言，存在著特別容易感染某些特定病蟲害的植物。換言之，種植植物的時候，如果有預先做功課、做好心理準備，就能預期某種植物在什麼季節比較容易感染何種病蟲害。

病蟲害防治的基本概念在於「及早發現」與「及早應對」。如果對於將來可能會發生的病蟲害能事先瞭然於胸，就能夠提早做好防範措施，及時做出正確的處理，避免災情進一步擴大。

精心整頓花圃的話，便能呈現繁花似錦的樣貌，也與病蟲害徹底絕緣。

2 養成觀察植物狀態的習慣

為了採取正確的防治行動，事先掌握病蟲害的生態固然重要，不過，植物之所以受到病蟲害侵襲，大多還是好發於生長環境惡劣、植物衰弱的時候。因此，仔細觀察通風、日照等環境條件和植物狀態便顯得格外重要。

除了改善環境條件，時常保持植物周邊環境的整潔、迅速清理病株和病葉、努力撲殺害蟲、注意土壤和氣溫等栽培環境的調整與變化等，確保植物能夠順利生長，也是防治病蟲害的不二法門。

保持適當的間距植苗，便能幫助提供良好的日照和通風。

利用落葉樹下的空間進行植栽美化，到了春天，陽光會從樹間灑落；到了夏天則成了遮蔭處，植物也顯得欣欣向榮。

蔬菜的病蟲害

本章節彙整了常見的蔬菜及其病蟲害，也會一併介紹防治的方法，
希望幫助各位能將損害降到最低，盡情享受收成的樂趣。

【 常見於蔬菜的病蟲害 】

蔬菜最常遭受的損害是被蝴蝶或蛾的幼蟲啃
食，或者是受到黴菌等病原菌感染，一下子整株
枯萎，甚至無法收成。尤其是不耐連續栽作的茄
科蔬菜，更需多加注意。

播種和植苗前，必須確認種子和苗株是否健
全，以免讓病蟲害入侵菜園。

大多數的病蟲害都是發生在葉片背面或植株
底部繁殖，哪怕只是稍有異狀，也應立刻先檢查
這兩處。除了善用防蟲網、防雨罩、擋泥板等器
具，以計畫性栽培取代連續栽作，也是順利栽培
的重要關鍵。

有計畫性的栽培蔬
菜，能夠降低病蟲
害發生的機率。

為了降低家庭菜園
的蟲害發生率，訣
竅是盡可能種植不
同蔬菜。

【 同時栽培多種蔬菜 】

　　各位畢竟不是種植單一蔬菜的專業農家，而是以家庭菜園的方式栽培各種蔬菜，像這樣同時栽培多種蔬菜的方式稱為「複作」。複作又分為「混作」和「間作」等方法，前者是以隨機配置的方式栽培多樣品種，後者是以區塊劃分不同蔬菜的栽培範圍。而一次只栽培單種作物的方式則稱為「單作」。

　　根據結果來看，複作時發生害蟲的機率比較低。原因是各類害蟲對蔬菜各有偏好、涇渭分明，如果找不到自己喜歡的蔬菜，害蟲就會失去判斷力。雖然蔬菜的種類愈多，害蟲的種類也會跟著增加，但以害蟲為食的天敵也會隨之增加。

　　總之，從整體評估來說，家庭菜園應該盡可能增加栽培作物的品項，帶動棲息生物的多元化，並藉由生態的均衡，達到降低病蟲害發生率的目的。

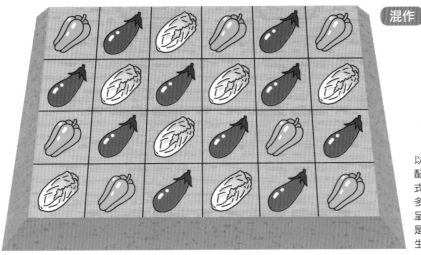

混作

以隨意、不規則的方式配置多種蔬菜的種植方式。據說，栽培種類的多寡和生態均衡的程度呈正比，種類愈多，愈是有益於打造不容易發生病蟲害的生長環境。

間作

以列、畦或區塊為劃分單位，改變植物種類的種植方式。利用植物共榮的原理（參考第106頁），納入適合一起栽培的植物組合，也能夠達到防治病蟲害的目的。

蘆筍

莖枯病

▶P40下

發生時期 6～10月

莖部長出赤褐色的紡錘形斑點後，不久便會枯萎。病斑部分和健康的綠色部分的區隔明顯。如果是嫩莖則會完全枯萎。

防治法

豎立支架以支撐莖部，避免變得東倒西歪。為了避免莖葉長得過於茂密，必須定期疏枝，保持良好的通風。染病的莖葉要盡快剪除回收。

藥劑 一旦發現病變，噴灑四氯異苯腈或免賴得等。

腎斑尺蛾

▶P64上

發生時期 5～10月

外型為綠色或淺褐色的腎斑尺蛾，啃食對象包括嫩芽、剛長成大片的柔軟葉片、莖。不會集體出沒啃食，而是單獨行動。

防治法

在夏季時期會連續發生。因為幼蟲的外貌容易被誤認為樹枝等，不易分辨，所以與其找尋幼蟲，改為檢查被啃食的葉片，更容易發現牠們的蹤跡，一旦找到幼蟲就要立刻撲殺。

藥劑 噴灑以十四斑窄頸金花蟲等為對象的亞特松。

草莓

白粉病

▶P28

發生時期 5～10月

葉片長出白色黴菌，像是被潑撒了白粉一樣，而且面積會擴散到整片葉子。如果持續惡化下去，會造成嫩芽變形，連莖和果實的表面也會被白色黴菌覆蓋。

防治法

好發於莖葉過度茂密的植株。除了不可過度施肥外，也要摘掉多餘的葉片，保持良好的通風和日照。發現已染病的葉片就立刻摘除。

藥劑 發病初期噴灑碳酸氫鈉為主的水溶劑、枯草桿菌等。

原因是這個！

蛞蝓 ▶P67下 發生時期 4～11月

蛞蝓會啃食果實，咬出許多小洞。被啃食的周邊，會留下帶有光澤的銀白色條痕，可以辨識出這是蛞蝓爬行後所留下的痕跡。

防治法

白天會潛藏於落葉下方等處，所以抓蟲時要多往隱密的地方尋找，如果找到了就立刻撲滅。

藥劑 使用聚乙醛、枯草桿菌等。

菜豆・四季豆

嵌紋病

▶P49

發生時期 5～8月

葉片出現濃淡不均的黃色和綠色的馬賽克紋路，葉片的顏色變淡。依照病毒的種類，可能會造成葉片變形、皺縮捲曲和發育不良等狀況。

防治法

染病時拔除病株回收。在日常管理上，由於蚜蟲是主要的感染媒介，所以用防寒紗覆蓋植株，防止好發於春秋季的蚜蟲入侵是防治重點。

藥劑　此種病毒無法以藥劑防治。發現蚜蟲孳生時，在葉片背面噴灑葵無露（本書原文為：アーリーセーフ，台灣無此產品，建議以植物性油類製成的產品替代）。

點蜂緣椿象

▶P61上

發生時期 8～10月

屬於椿象之一。幼蟲和成蟲會吸取葉和豆莢的汁液，導致落葉、豆粒變形，連採收量也隨之降低。成蟲的身體細長，呈黑褐色或紅褐色。

防治法

只要發現貌似螞蟻的灰黑色幼蟲或成蟲，就立刻撲滅。不過牠們的動作靈敏，屬於捕殺難度較高的害蟲。當雜草愈多時，受損的程度也愈高，所以在日常必須確實清除雜草，不可以讓雜草叢生。

藥劑　當牠們一開始出現時，在植株整體仔細噴灑撲滅松。

毛豆

嵌紋病

▶P49

發生時期 7～10月

由病毒引起的疾病。主要症狀是嫩葉會出現黃綠色的斑紋，有如馬賽克狀，逐漸皺縮捲曲、變形。最後植株整體萎縮，收成量也會減少。

防治法

疾病的媒介是蚜蟲，所以最好蓋上防寒紗，防止蚜蟲入侵。種子也會成為傳染源，必須先經過消毒再播種。如果發現幼苗發病，就立刻拔除。

藥劑　等到子葉長出時，留意是否有蚜蟲出沒，並噴灑葵無露（本書原文為：アーリーセーフ，台灣無此產品）等。

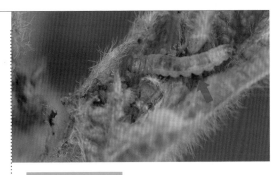

松村氏捲蛾　▶P64下　**發生時期** 4～10月

此害蟲會把樹梢的葉片合起來，用以掩護自己。在啃食新葉和嫩芽後，還會進入豆莢、啃食豆粒。受損的豆莢會發黑變色，新芽也會枯萎、停止發育。

防治法

在豆莢還沒被啃食之前，如果看到了捲起的葉片，就從上方捕殺藏身在裡面的幼蟲。因為成蟲也會在葉片背面和葉柄產卵，建議套上防蟲網，以避免成蟲接近。

藥劑　害蟲一開始出現時就噴灑撲滅松，連新芽和豆莢內側都不要遺漏。

豌豆

白粉病

▶P28

發生時期　4〜10月

長出灰白色的黴菌，有如被潑撒白粉一樣。一開始只有葉片受害，接著會擴大到莖和豆莢，如果惡化情況太過嚴重，整株都會枯萎。

防治法

好發於莖葉過於茂密、通風不良的環境，所以要定期修剪茂密的莖葉，避免密植。病株要整株拔除，發病的葉子也要摘除。

藥劑　發病時仔細噴灑碳酸氫鉀、可濕性硫磺等。

潛葉蠅

▶P71下

發生時期

10月〜隔年4月

成蟲在葉緣生產的卵，孵化成幼蟲後會潛入葉肉中，鑽出隧道狀的孔洞，啃食葉片，並且在葉肉內部化蛹。被啃食過的部分會留下白色線痕。

防治法

播種和植苗時，鋪上銀黑色塑膠布或蓋上防蟲網，以避免成蟲靠近。一旦在白色線痕前端發現幼蟲和蛹時，立刻將牠們壓死。

藥劑　噴灑百滅寧或馬拉松乳劑。

秋葵

根瘤線蟲

▶P65上

發生時期　4〜10月

根部被無數個肉眼無法辨識的線形細小生物寄生，製造出無數的瘤塊。導致植株整體的生長衰落，下葉也開始枯萎。

防治法

連續栽作會造成線蟲繁殖，使植物的受損程度加劇，所以不可連續栽作。購買苗株前，仔細檢查根部是否出現瘤塊，並嚴禁使用未發酵的堆肥。使用優質堆肥前，必須先把土壤扒鬆，再種下苗株。

藥劑　種植前，先把福賽絕等混入土壤，可達到預防效果。

犁紋黃夜蛾　　發生時期　6〜7月、9月

體色鮮艷顯眼的幼蟲，會啃咬葉緣，並在新芽和新葉咬出許多破洞。葉片甚至會被啃光，造成只剩下葉脈的慘重災情。

防治法

一年發生兩次，尤其以秋天的損害更為嚴重。每到好發時期必須提高警覺，看到幼蟲就捕殺。牠們也會附著在木槿和芙蓉等錦葵科植物，所以不要把作物栽培在此類植物附近。

藥劑　沒有適用的藥劑。

南瓜・櫛瓜

白粉病
▶P28

發生時期 4～10月

主要的發病部位是葉。葉片會長出一顆顆白色的黴菌，外觀有如被撒上麵粉。斑點最後會布滿整片葉子，情況持續惡化的話就會枯萎。

◆防治法◆

保持良好的通風和日照，不要過度施肥。尤其是過多的氮肥會導致植物軟弱無力，提高發病率。受損的葉片要摘除乾淨。

藥劑 在發病初期噴灑碳酸氫鉀、聚乙醛。

嵌紋病
▶P49

發生時期 4～11月

葉片長出黃綠交雜的馬賽克狀病斑，如果持續惡化，葉片會跟著變形，而且長得發育不良。有時候連果實也會變得畸形。

◆防治法◆

疾病的媒介是蚜蟲，必須覆蓋防寒紗或防蟲網以防止成蟲靠近。發病株要盡快拔除，而且不要將接觸過病株的剪刀等，未經消毒就拿去接觸其他植物。

藥劑 沒有適用的藥劑。最根本的治療法是防治蚜蟲入侵。

綿蚜
▶P56

發生時期 4～9月

成蟲和幼蟲都會吸取植物的汁液。牠們除了群聚在芽、葉、莖、蕾、花等部位，妨礙植物生長之外，也是誘發煤煙病和病毒病的媒介。

◆防治法◆

好發於土壤中的氮素含量過高的環境，所以注意不要施予過多氮肥。害蟲繁殖的速度很快，一定要勤加巡視，才能及早發現。

藥劑 噴灑撲滅松或馬拉松乳劑。

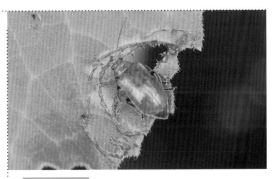

黃守瓜 ▶P70下 **發生時期** 4～10月

成蟲會啃食葉片和果實，造成圓形的啃食痕跡。幼蟲食用的部位是根部，當根部受損時會導致地上部枯萎，因此會造成更大的損害。

◆防治法◆

作物周邊如果有大量的瓜科植物，發生蟲害的機率會大為提高。除了勤加除草，也可與蔥混植，並鋪上銀黑色塑膠布，防止成蟲靠近。只要一發現成蟲就立刻消滅。

藥劑 定植時把大利松混入土壤，可消滅幼蟲；噴灑馬拉松乳劑可擊退成蟲。

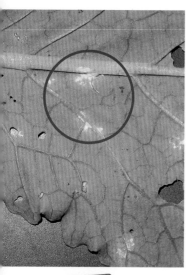

蕪菁

白銹病

▶P31下

發生時期
4～6月、10～11月

葉片表面出現隆起的白色小斑點，斑點破裂後，從裡面會噴出白粉。如果感染情形擴大，所有的葉片都會出現白色斑點。

防治法

將落葉和病變的葉子整理乾淨，保持植株周圍的清潔。在持續下雨的日子尤其容易發病，所以要保持良好的排水環境，並且避免十字花科蔬菜連作。

藥劑 播種時把滅達樂混入土壤內，並噴灑亞托敏等藥劑。

黃條葉蚤

▶P70下

發生時期 7～10月

黑底搭配黃色帶狀斑紋的成蟲，體型雖然小，卻會在葉片咬出許多小洞，而且破洞隨著葉片的成長會愈來愈大。幼蟲則會啃食根部。

防治法

十字花科蔬菜連續栽作時容易發生蟲害，所以盡量避免。播種後，用防蟲網覆蓋植株，以免成蟲靠近。不論是成蟲或幼蟲，只要發現了一律撲滅。

藥劑 播種時把大利松混入土壤。

芋頭

根腐病

發生時期 6～10月

植物的外側葉片會變黃、下垂。病情持續惡化的話，會造成落葉。芋頭也長不大，收成量銳減。

防治法

挑選健康無染病的種芋，並注意植株底部有無積水問題，保持土壤的良好透氣。染病時要連同周圍的土壤將病株挖出回收。

藥劑 沒有特別有效的藥劑。

雙線條紋天蛾 **發生時期** 6～10月

尾部有角狀突起、體型粗圓的幼蟲有如毛蟲。因為食欲旺盛，如果沒有及時發現，葉片可能會被啃得精光，對植物的發育也會造成不良影響。

防治法

只要發現被啃食的跡象和大粒的糞便，立刻仔細搜索周邊。一旦發現幼蟲的蹤影，立即撲殺。如果發現產於葉片的卵，須連同葉片一起清除。

藥劑 沒有適用的藥劑。

高麗菜

軟腐病

▶P46

發生時期 6～8月

大多發病於開始結球的葉片。與土壤接觸的葉片和結球頭部，會轉為暗褐色、軟化腐爛，而且釋放出獨特的強烈臭味。

菌核病 ▶P29下 發生時期 3～10月

主要症狀是與土壤接觸的植物基部的葉片和葉柄會像浸水般腐爛，最後擴大到結球部分。但不會像軟腐病一樣發出惡臭。

防治法

染病時，須連同周圍的土壤將病株挖起來回收。傷口會成為感染源，所以注意不要折到葉片等，以免造成損傷。選擇抵抗力較強的品種；避免密植。

藥劑 一旦感染就無藥可醫。可以噴灑嘉賜銅、歐索林酸做為預防。

防治法

染病時，須連同周圍的土壤將病株挖起來回收。細菌會從傷口入侵，所以注意不要折到葉片等，以免造成損傷。前一年曾產生病害的菜園，復發的機會較高，所以不可連續栽作。

藥劑 一旦感染就無藥可醫。可以噴灑亞托敏等做為預防。

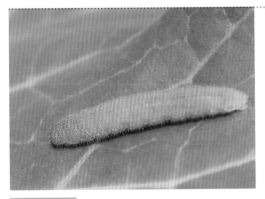

紋白蝶 ▶P54下 發生時期 4～6月、9～11月

綠色的幼蟲會啃食葉片。幼蟲長大後，造成的損害更大，甚至會把葉子啃成蕾絲狀，只留下葉柄。

防治法

看到幼蟲或成蟲，一律趕盡殺絕。除了覆蓋防蟲網，也建議與萵苣混植，以避免成蟲產卵。成蟲是以花蜜為食，所以不要在作物附近種植草花。

藥劑 從幼蟲一開始出現的時期，噴灑賽速安、百滅寧等。

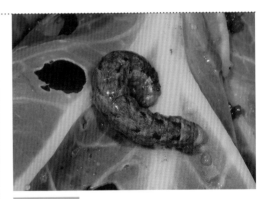

夜盜蟲 ▶P74 發生時期 4～6月、9～11月

卵孵化成幼蟲後，會集體啃食葉片，但隨著成長而各自分散，繼續啃食葉片。葉片會被啃得一乾二淨，只留下葉脈。

防治法

覆蓋防蟲網以防止成蟲產卵。發現卵塊或剛完成孵化的群生幼蟲時，立刻連同葉片切除。也要尋找潛藏在土壤中或陰暗處的已成長幼蟲，並加以撲滅。

藥劑 幼蟲出現時，噴灑百滅寧等，連葉片背面也不要遺漏。

小黃瓜

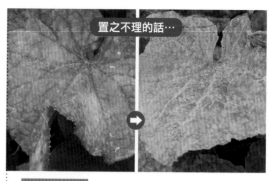

置之不理的話…

露菌病

▶P40上

發生時期 5～10月

葉片表面會長出淡黃色的斑點，如果繼續惡化，連葉脈之間也會出現角形的黃色斑紋。葉片背面會長出黑紫色和白色黴菌，嚴重的話，連葉片都會枯萎。

・**防治法**・

選擇抵抗力強的品種，並提高田畝的高度，以保持良好的排水環境。定期修剪，避免莖葉長得過度茂密，才不會影響通風與日照。病葉要立刻摘除。

藥劑 在發病之前噴灑鹼性氯氧化銅等。

白粉病 ▶P28 **發生時期** 5～10月

葉片長出灰白色的黴菌，看起來像被撒上白粉一樣。如果症狀持續惡化下去，整片葉子都會被黴菌覆蓋，最後枯萎。周圍如果還有其他病株存在，病情會蔓延且加重。

・**防治法**・

好發於莖葉過於茂密的環境。請勿施予過多氮肥，也不可密植，適時修剪茂密的莖葉，以保持通風。染病的葉子要摘除回收。

藥劑 發病初期噴灑四氯托敏、四氯異苯腈等藥劑。

蔓割病 ▶P36下 **發生時期** 6～7月

下葉變黃，持續白天枯萎、晚上復原的狀態，直到最後枯萎。莖會轉為黃褐色，根部也會腐爛。

・**防治法**・

連續栽作會提高受害的程度，必須避免；最好挑選以抵抗性強的南瓜為台木所嫁接的苗株。一旦發現病株，須立刻清除，並連同周邊的土壤一起回收。

藥劑 沒有適用的藥劑。

炭疽病 ▶P36上 **發生時期** 6～7月

葉片會長出褐色的圓形病斑。病斑會逐漸穿孔，所有的葉子幾乎都會枯萎，收成量也大為減少。果實也會出現褐色的凹陷病斑。

・**防治法**・

不可施予過多的氮肥，並且適度修剪過密的莖葉，以保持通風良好。病變的葉子和落葉要立刻清除，澆水時要澆在植株底部。

藥劑 發病前在植株整體噴灑鹼性氯氧化銅、四氯異苯腈等藥劑。

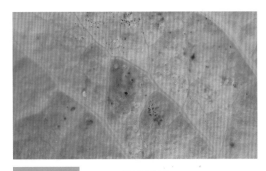

黃守瓜 ▶P70下 發生時期 4～10月

成蟲會啃食葉、花、果實,把葉片等部分啃得殘破不堪。一旦根部被幼蟲啃食後,地上部會枯萎。周圍如果有瓜科植物更會提高發病的機率。

防治法

害蟲會在植株底部的地面產卵,所以種下苗株後,記得替植物套上塑膠育苗蓋,兼具保暖與防蟲效果。鋪上銀黑色塑膠布也可以防止成蟲靠近。如果發現蟲的蹤跡,立刻撲滅。

藥劑　定植時把大利松混入土壤,噴灑馬拉松乳劑等可消滅成蟲。

葉蟎類 ▶P68 發生時期 5～11月

寄生於植物的蟎類。幼蟲和成蟲都會聚集在葉片背面吸汁,造成葉片發白褪色,變得粗糙不堪,最後因光合作用受阻而枯萎。

防治法

雜草是誘發蟎類孳生的源頭,務必清除乾淨。葉蟎耐乾旱卻不耐水,所以氣候較乾燥時,必須不時在葉片背面灑水,可以減輕受害的程度。

藥劑　仔細噴灑葵無露或礦物油等(原文為:アーリーセーフ、サンクリスタル乳劑,台灣無此產品,可選擇以葵花油製成的天然保護製劑「葵無露」替代),連葉片背面都不要遺漏。

粉蝨類

▶P63下

發生時期 5～10月

幼蟲和成蟲都會聚集在葉片吸汁,造成葉片皺縮捲曲、發育不良。成蟲有翅膀,一搖晃葉片時就會有白粉撒落下來。

防治法

只要溫度條件符合,害蟲就會不斷復發。尤其雜草是害蟲孳生的源頭,必須清除乾淨。吊起黃色黏蟲紙可以達到捕捉的目的,或者鋪上銀黑色塑膠布,也可以防止害蟲靠近。

藥劑　定植時與害蟲剛開始出現時,把益達胺混入土壤,或者噴灑ベストガード水溶劑(成分為Nitenpyram,台灣無此種藥劑,可選擇用賽速安、達特南等適合藥劑)。

綿蚜 ▶P56 發生時期 5～8月

深綠和淺綠的蚜蟲會寄生在葉和新芽等處吸汁,妨礙植物生長。其排泄物會讓植物變得黏答答,也會誘發煤煙病發生。

防治法

好發於土壤中氮素過多時,所以不可添加過多氮肥。鋪上銀黑色塑膠布可以防止害蟲靠近;保持良好的通風和日照,也是栽培的必要條件。

藥劑　有蟲害發生時,在葉片背面噴灑葵無露或礦物油等(原文為:アーリーセーフ、サンクリスタル乳劑,台灣無此產品,可選擇以葵花油製成的天然保護製劑「葵無露」替代)。

小松菜

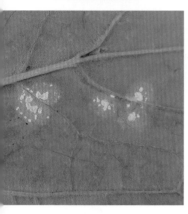

白銹病

▶P31下

發生時期 4～6月

好發於十字科蔬菜的黴菌感染疾病。葉片會出現白色斑點，斑點隆起破裂後，會從裡面噴出白色粉狀的孢子。

防治法

發病的葉片會成為感染源，只要一發現時就立刻摘除。十字花科蔬菜要避免連續栽作；在好發時期，栽種抵抗力強的品種。

藥劑 播種時把滅達樂混入土壤內，或於發病初期噴灑賽座滅。

潛葉蠅類

▶P71下

發生時期 3～11月

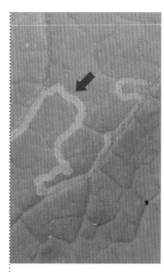

潛藏在葉肉中的微小幼蟲，會把葉肉啃食成隧道狀，留下白色的絲狀痕跡，因此別名「地圖蟲」。循著白色的線痕，可以在前端發現蟲的蹤影。

防治法

鋪上防蟲網，防止成蟲靠近。如果在線痕前端找到幼蟲和蛹時，立即用手捏碎。受害程度嚴重的病葉，建議整片摘除。

藥劑 在發生蟲害的一開始，在植株整體噴灑氟芬隆、因滅汀等藥劑。

菜葉蜂

▶P69

發生時期
5～6月、10～11月

黑色幼蟲會啃食葉片，一被觸碰時，身體會縮成一團而掉到地面。害蟲偏好侵害軟弱無力的植株，如果孳生的數量太多，菜葉會被啃得破爛不堪，植物的生長發育也受到阻礙。

防治法

盡量避免栽種得太密，注意通風和日照。如果在葉面上發現幼蟲，就立即撲殺；事先蓋好防蟲網，可預防成蟲飛來。

藥劑 沒有適用的藥劑。

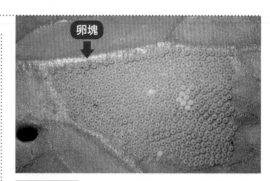

卵塊

夜盜蛾 ▶P74 **發生時期** 5～6月、9～11月

從卵塊孵化而出的幼蟲會集體啃食葉片，即使分開行動之後，仍繼續啃食。食量隨著成長而增加，造成的損害也更大。

防治法

鋪設防蟲網，防止成蟲靠近。如果在卵塊和葉片背面找到群聚的幼蟲，必須連葉片一起摘除。只要發現啃食的痕跡和糞便，立刻在植株底部和土壤中搜尋幼蟲，一旦發現就撲滅。

藥劑 在蟲害發生初期，噴灑賜諾殺等藥劑（賜諾殺對蜜蜂有毒性，請留意使用）。

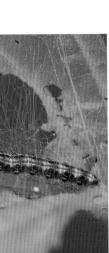

紫蘇

紫蘇野螟
▶P73下

發生時期 4〜10月

幼蟲的體色是黃綠色，夾雜著灰綠相間或紅綠相間的線條。牠們會吐絲，黏合葉片和枝條築巢，躲在其中啃食葉片。被黏合的葉片會被啃咬，並且轉為茶褐色。

防治法

養成隨時觀察的習慣，確認有無葉片被黏起來，只要發現害蟲的蹤影，立刻撲殺。幼蟲的動作很快，最好連葉切除，以免使其逃脫。

藥劑 沒有適用的藥劑。

負蝗　發生時期 6〜10月

成蟲和幼蟲都會啃食葉片。幼蟲在8月左右會長為成蟲，食量也隨著成長而增加，所以受害程度到了此時期會大幅增加。

防治法

越冬的卵到了春天時孵化成幼蟲，到了8〜9月，活動變得頻繁。須勤加剷除周圍的雜草，以免讓牠們有棲身之所。不論發現成蟲或幼蟲都需立刻撲滅。

藥劑 沒有適用的藥劑。

青江菜

斜紋夜盜蟲
▶P74

發生時期 6〜11月中旬

孵化而出的幼蟲會集體啃食菜葉，但隨著成長而逐漸分散。牠們通常在白天時潛入葉蔭處和土壤中，到了晚上才出來大吃一頓。8月以後出現的頻率大增。

防治法

幼蟲分散行動後，變得不易發現，而且造成的損害更大，所以最好趁著牠們尚屬卵塊型態時或孵化後不久，一網打盡。鋪設防蟲網，可防止成蟲靠近。

藥劑 趁幼蟲還小時，噴灑蘇力菌等。

蚜蟲類　▶P56　發生時期 3〜11月

群聚的小蟲會吸食新芽、葉、莖的汁液，如果數量太多會妨礙植物生長。另外，蚜蟲也會成為病毒傳染病的媒介，所以盡早撲滅是重要關鍵。

防治法

避免密植，以維持良好的通風。蚜蟲討厭發亮的東西，所以鋪上銀黑色塑膠布和防蟲網，都可以避免害蟲靠近。另外也不可添加過量的氮肥。

藥劑 在害蟲群聚前，把歐殺松混入土壤中，或噴灑達特南。

馬鈴薯

瘡痂病

發生時期

5～7月、10～12月

細菌引起的疾病，
地上部雖然看起來
毫無異常，但馬鈴
薯的表面，卻出現
中心凹陷、暗褐色
的大塊痂狀病斑。

防治法

好發於偏鹼性的土壤，所以除非必要的情況下，不
要施撒石灰。避免連續栽作，並使用完熟堆肥，保
持良好的排水環境。選擇抵抗力強的品種栽培。

藥劑 種植時，把氯硫滅等混入土壤中。

軟腐病 ▶P46 發生時期 6～8月

莖葉有如泡水般轉為深綠色或暗褐色，最後腐爛。
因為害蟲會從地表部位入侵，連正在累積養分的馬
鈴薯內部也會腐爛並發出惡臭。

防治法

接近收成期或是雨量較多時容易染病。建議在種植
時提高田畝的高度，或是蓋上銀黑色塑膠布做預
防。收成時盡量挑選天氣好的日子，先放乾燥後再
儲存。不可施過多氮肥。

藥劑 發病初期在莖葉噴灑スクレタン水懸劑（台灣
無此綜合成分的藥劑，可以撲滅寧+鹼性氯氧
化銅搭配使用）和バイオキーパー水懸劑（台
灣無此產品，可用台肥的活力磷寶替代）。

擬瓢蟲 ▶P66上 發生時期 6～10月

成蟲和幼蟲都會從葉片背面啃食，把葉片啃成網
狀，只留下表皮。被啃食的葉子會轉為褐色，如果
情況繼續惡化就會阻礙生長，馬鈴薯也無法長大。

防治法

不要在附近栽培茄科植物。收成後將殘株和落葉清
理乾淨，以免成為害蟲的棲身之所。不論是看到成
蟲或幼蟲，一律撲滅。

藥劑 噴灑百滅寧、毆殺松、撲滅松等藥劑。

【長得和瓢蟲幾乎一模一樣，卻是害蟲？】

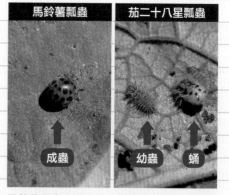

馬鈴薯瓢蟲　茄二十八星瓢蟲

成蟲　　幼蟲　蛹

馬鈴薯瓢蟲和茄二十八星瓢蟲合稱為「擬瓢
蟲」，兩種皆為馬鈴薯等茄科蔬菜的重大害蟲。
馬鈴薯瓢蟲的成蟲，體長約有7mm；二十八星瓢
蟲的體型較小，約為6mm。兩者的外型皆為赤褐
色底搭配黑色紋路，看起來非常相似。而且兩者
的幼蟲，背部都有長刺，外型也雷同。

西瓜

蔓枯病

發生時期 6～7月

接近地表的莖像泡水般轉為褐色，再變成灰白色，然後裂開、整體枯萎。特徵是枯萎的葉子和莖上的病斑會出現黑色小顆粒。

防治法

梅雨季後的高濕度環境和日照、通風不佳時，特別容易發病。藤蔓變長後，在地上鋪些稻草，可以防止地面的溫度上升。病株要及時剪除。

藥劑 噴灑四氯托敏、四氯異苯腈和免賴得等藥劑。

苗立枯病

▶P35

發生時期 5～6月

好發於梅雨季節，苗株接近地面的部分會轉為褐色、腐爛，變細後倒伏。病源來自土壤中的細菌，即使腐敗了也不會發出惡臭。

防治法

播種和育苗時要使用無菌土，而且注意不要被雨水淋溼，以免變得潮濕。

藥劑 先灑上蓋普丹再播種做為預防。

綿蚜

▶P56

發生時期 4～9月

蚜蟲會寄生在芽、葉、莖、花蕾、花等所有部位吸汁，除了妨礙植物發育，其排泄物也會誘發煤煙病，甚至成為病毒性疾病的媒介。

防治法

氮素過多會提高蟲害發生的機率，所以不可施撒過多氮肥。軟弱無力的植株容易遭受蟲害，維持通風良好與日照充足的栽培環境非常重要。

藥劑 種植苗株時，把達特南混入土壤內；或者在蟲害發生初期噴灑百滅寧等藥劑。

二點葉蟎 ▶P68 **發生時期** 4～8月

沒有翅膀、體型極為微小的蟲子會群聚在葉片背面吸汁，從正面看起來就像長滿了無數的小白斑。如果孳生的數量很多，牠們會在葉片上結網。

防治法

高溫乾燥的環境會誘發害蟲孳生，所以在蔓藤變長後，可以在地面鋪上稻草以防止溫度上升，並且時常在葉片背面灑水。蟲害剛開始發生時，立刻清除受損的葉片。

藥劑 噴灑葵無露和礦物油等（原文為：アーリーセーフ、サンクリスタル乳劑，台灣無此產品，可選擇以葵花油製成的天然保護製劑「葵無露」替代），連葉片背面也不能遺漏。

蠶豆

嵌紋病

▶P49

發生時期 4～11月

葉片出現黃綠交錯的馬賽克狀斑紋,整體發育情況惡化。主要的媒介是蚜蟲,所以蚜蟲變多的時候容易發病。

·防治法·

重點是防止蚜蟲入侵,透過鋪上銀黑色塑膠布或防寒紗等方式,可以防止害蟲靠近。病株要立刻拔除乾淨。

藥劑 沒有適用的藥劑。

蠶豆長鬚蚜蟲

▶P56

發生時期 4～6月

害蟲會群聚在新芽、莖葉、豆莢吸汁,導致植物變得虛弱;被吸汁的植物也容易遭受病毒傳染。如果害蟲的數量過多,植株甚至會枯萎。

·防治法·

施加過多氮肥會使植物變得軟弱,也容易被害蟲寄生,所以施肥時一定要注意比例的均衡。如果發現群聚的幼蟲或成蟲,就立刻捕殺,以防災情擴大。

藥劑 種植時把益達胺混入土壤內;發生蟲害時噴灑葵無露(原文為:アーリーセーフ,台灣無此產品,可選擇以葵花油製成的天然保護製劑「葵無露」替代)。

洋蔥

基腐病

▶P30

發生時期 4～10月

首先從外側的葉子發黃枯萎,不久連內側的葉子也會枯萎。如果切開球根一看,和根部相連的底部和外側的鱗片部分也已轉為褐色、腐爛。

·防治法·

最重要的是不要選擇病株栽培,也要避免連續栽作。周圍若有病株存在,會大幅提高發病機率,所以拔除病株時,必須連同周圍的土壤一併回收。

藥劑 苗株根部先浸泡在免賴得等藥劑中再種植。

蕪菁夜蛾

▶P67上

發生時期
4～6月、9～12月

切根蟲的代表性種類。棲息在土壤中的幼蟲會啃食植物基部,導致苗株才種下沒多久就倒塌。害蟲白天時潛藏在土壤中,等到夜間才出來活動。

·防治法·

雜草多的田地,受害程度特別嚴重。除了將雜草拔除乾淨外,可以另外準備寶特瓶等容器,將它製作成圓筒形的保護罩,套住植株底部,可以降低受損的程度。一旦發現土裡的幼蟲就立刻撲滅。

藥劑 在害蟲剛出現時施用百滅寧。

白蘿蔔

嵌紋病

▶P49

發生時期 3～10月

葉片出現濃淡不一的馬賽克狀紋路，只有葉脈呈淺綠色。是以蚜蟲為媒介引起的疾病，不但造成葉片畸形，植株整體萎縮，根部也無法變粗。

防治法

重點是防治好發於春天和秋天的蚜蟲。可以覆蓋防寒紗和銀黑色塑膠布，防止蚜蟲靠近。病株要趁早拔除回收。

藥劑 沒有適合的藥劑。

根瘤病 ▶P38 **發生時期** 5～11月

十字花科蔬菜的根部會長出大小不一的瘤塊。瘤內有細菌寄生，不但導致葉色變差，發育情形也隨之衰退。

防治法

只要曾經發病就很容易復發，所以除了避免連續栽作，也要選擇抗病力強的品種栽培。酸性土質會導致排水不佳，連帶提高發病機率；為了改善排水，首先要調整土壤酸鹼度，還有提高田畦的高度。

藥劑 在播種之前，把氟硫滅混入土壤內。

菜葉蜂

▶P69

發生時期
4～6月、8～11月

受害對象是十字花科植物的葉片。加害者是外表呈現光澤的黑色幼蟲，如果數量太多，葉片會被啃得一乾二淨，只剩下葉脈。

防治法

害蟲偏好軟弱無力的柔軟葉片，所以不可密植，也必須維持良好的通風與日照環境。播種後架設防蟲網，避免成蟲產卵。一旦看到幼蟲就捕殺。

藥劑 在幼蟲出現時噴灑馬拉松乳劑、毆殺松等。

菜心螟

▶P73下

發生時期 6～11月

又稱為「蘿蔔螟」。幼蟲會吐絲、以新葉築巢，並且留在裡面棲息、啃食。如果植物在生長初期遭受蟲害，成株的生長點會受阻、難以發育，根部也無法變粗。

防治法

菜心螟會啃食花蕊，對幼苗危害甚大。播種後把防蟲網鋪成隧道狀，避免害蟲靠近。如果發現棲息在葉片的害蟲時要即刻捕殺。

藥劑 發生蟲害時噴灑氟大滅等水溶液。

玉蜀黍

黑穗病

發生時期 5～8月

雌蕊的子房被白膜覆蓋，長出菌瘤，等到菌瘤破裂，從裡面會噴出黑粉狀的病原菌。

嵌紋病　▶P49　發生時期 4～8月

疾病的主要媒介是蚜蟲。沿著新葉的葉脈，會呈現濃淡不均的絲狀，產生有如馬賽克般的黃綠色紋路。植物的生長情況也變差。

防治法

好發於雨水多的時節。染病時要徹底清除病穗。如果發病的頻率很高，改種植抵抗力強的品種。

藥劑　沒有適用的藥劑。

防治法

嫩株若受到感染，受害情況會更嚴重。最好是在定植後，立刻把防蟲網鋪成隧道狀，避免蚜蟲靠近。病株要趁早清理乾淨。

藥劑　無法以藥劑防治。在蚜蟲出沒期間，噴灑百滅寧等。

玉米螟　▶P73下　發生時期 5～7月

啃食部位包括莖、雄花、子房等，如果置之不理會導致無法收成。幼蟲出沒的洞穴周圍，會出現有如木屑狀的糞塊。

防治法

害蟲會從雄花移到雌花，把子房吃得一乾二淨。為了避免子房遭受啃食，等到玉米鬚轉為淡茶色時，連同柄部切除雄花。一旦發現幼蟲就捕殺。

藥劑　等到雄花長出時，在雄花上噴灑蘇力菌、依芬寧等藥劑。

▲使用黏蟲紙捕殺害蟲。

稻麥蚜

▶P56

發生時期 4～6月

此類蚜蟲專以禾本科植物為食，好發於春天到梅雨季。成蟲和幼蟲會附著在葉或穗等處吸食汁液，不但妨礙作物生長，也會誘發煤煙病。

防治法

蚜蟲討厭發光物，所以鋪設銀黑色塑膠布可防止害蟲靠近。一旦發現就立刻撲滅。若是使用黏蟲紙，則可以將群聚的害蟲一網打盡。

藥劑　發生蟲害時噴灑益達胺、百滅寧、殿殺松等。

紅蘿蔔

軟腐病

▶P46

發生時期 6〜10月

是由細菌引起的疾病，細菌會從傷口入侵。根部前端和接觸地面的莖部會出現浸水般的褐色病斑，不久之後軟化腐敗，釋放出惡臭。

防治法

過多的氮肥會培養出軟弱的植株，若再加上排水不良，最容易誘發疾病。除了控制施肥量、提高田畦高度以加強排水之外，也要避免密植。如果發現病株就立刻切除處置。

藥劑 一旦發病就難以醫治。在發病前噴灑歐索林酸當作預防，或是發病初期施用多保鏈黴素。

黃鳳蝶

▶P55上

發生時期 8〜10月

幼蟲以紅蘿蔔、西洋芹和鴨兒芹等繖形花科植物的葉為食，雖然數量不至於很多，但是害蟲的食量會隨著成長而增加。

防治法

如果看到蝴蝶飛來，記得確認有無在葉片產卵。一旦發現卵或幼蟲，一律撲殺。趁幼蟲還小時將之消滅，就能降低損害的程度。

藥劑 噴灑馬拉松乳劑等。

根瘤線蟲 ▶P65上　發生時期 8〜10月

外型為體長1mm以下的細條狀，棲息於土壤中，會從植物的根部入侵，在根部製造出大小不一的瘤。導致葉片黃化，並從下葉開始枯萎，植物的發育情況因此變差。

防治法

避免連續栽作。利用豬屎豆屬植物所釋放的物質，達到撲滅線蟲的效果。病株要連根拔除。

藥劑 播種前，把福賽絕混入土壤內。

【 線蟲類的剋星植物是什麼？ 】

▲可抑制根瘤線蟲繁殖的豬屎豆。

菊科的萬壽菊，根部會分泌出特殊的成分，能夠有效消滅線蟲，是很知名的害蟲剋星。豆科植物的豬屎豆，也能夠分泌出消滅根瘤線蟲的物質。建議在開花後，翻土時把豬屎豆混入土壤，大約經過一個月再種植紅蘿蔔，就能降低根瘤線蟲的發生率。

番茄・小番茄

白粉病

▶P28

發生時期 4〜11月

葉片表面被白色黴菌覆蓋，像是被撒了麵粉一樣。因為無法順利進行光合作用，果實的發育也會變得不理想。盛夏的炎熱氣溫，會抑制病情的發作。

防治法

低溫、日照不佳都會提高病發的機率，所以除了維持良好的通風與日照，植株之間也必須維持適當的間距，也不要施加過多的氮肥。如果發現病葉，立刻摘除。

藥劑 在發病初期噴灑克熱淨（烷苯磺酸鹽）和サンヨール液劑（成分為Dbedc，台灣無此種藥劑；可選擇白克列、克收欣等適用藥劑）。

嵌紋病 ▶P49 **發生時期** 5〜7月

葉片出現綠色和淺黃色交雜的馬賽克狀紋路，呈現彎彎曲曲的細絲狀。若果實受到疾病感染，內部會出現褐色和白色的線條。

防治法

定植後，在苗株上套塑膠育苗蓋，兼具保溫和防蟲效果。病株要及早處理，也不要把接觸過病株的用具未經消毒就使用在其他植物。

藥劑 此病無法以藥劑防治。若蚜蟲出現時，噴灑氟尼胺等藥劑。

出現在莖部的症狀　　出現在葉片的症狀

疫病 ▶P27 **發生時期** 6〜7月

好發於梅雨季，發病部位包括葉、莖、果實等，容易造成嚴重損失。發病時會長出有如浸水般的大塊病斑，之後被白霜似的黴菌覆蓋。

防治法

細菌會隨著飛濺的泥水入侵植物。藉由鋪塑膠布，或者加強排水措施，可避免泥水噴濺。已受到感染的莖葉和果實要立刻清除。

藥劑 發病初期在植株整體噴灑四氯異苯腈、可利得和鹼性氯氧化銅等。

萎凋病

▶P26

發生時期 7〜9月

是由黴菌引起的疾病，從根部入侵的黴菌會逐漸感染到莖部，導致植物發病。起初的症狀是莖部前端枯萎，葉片從下而上逐漸發黃，最後整株都會枯萎。

防治法

避免連續栽作；根部如果受損，容易發病，所以進行淺耕等作業時，必須小心謹慎。如果發現病株，立刻連同周圍的土壤一併挖起來回收。

藥劑 先把免賴地灑在種子上再播種。

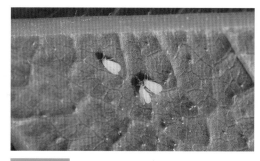

番茄夜蛾 ▶P58 發生時期 6～8月

幼蟲會在果實鑽洞，潛入內部啃食果肉。成蟲是
在初夏羽化，在夜間飛來產卵，所以大約從7月開
始，受害程度會變得嚴重。

·防治法·

一旦發現被啃食的痕跡和糞便，立刻尋找有無幼蟲
的蹤影，找到的話就撲滅。如果果實出現小洞，表
示內部有幼蟲潛入；大洞則是成蟲鑽出的痕跡。

> 藥劑　在幼蟲出現時，對薯花和葉片噴灑因滅汀、氟
> 芬隆等。

粉蝨 ▶P63下 發生時期 5～10月

主要發生在葉片背面。植物的生長會因成蟲和幼蟲
吸取汁液而受阻，如果情況嚴重會誘發煤煙病。一
搖晃植株時，幼蟲就會飛起來，有如白粉飛揚。

·防治法·

選購沒有粉蝨類寄生的苗株栽種。利用粉蝨偏好黃
色的特性，可設立黃色黏蟲紙捕捉。收成後須將植
株整理乾淨，讓害蟲沒有越冬的場地。

> 藥劑　蟲害發生初期，在葉片表面和背面噴灑葵無露
> 和礦物油等（原文為：アーリーセーフ、サン
> クリスタル乳剤，台灣無此產品，可選擇以葵
> 花油製成的天然保護製劑「葵無露」替代）。

【糟了！番茄的底部腐爛怎麼辦？】

尻腐病（頂腐病）是番茄的生理現象之一。這是一
種發育時引起的異變，但並非由病原菌或害蟲造
成，所以沒有傳染的危險。尻腐病的症狀是已經開
花的果實的底部變色，最後發黑腐爛。乍看之下很
像感染病，但即使果實腐爛，也不會成為感染源。
底部腐爛的原因是土壤中的鈣不足和根部發育不良
所引起。植苗前，必須先施撒含有鈣素的苦土石
灰。另外，過度乾燥也會誘發尻腐病，所以適度澆
水與施肥，讓根部保持健康生長很重要。

尻腐病

◀植苗前先施撒
含有鈣素的苦土
石灰，可以達到
預防的效果。

▶果實的底部
變色發黑。

茄子

半身萎凋病

▶P26

發生時期 4～7月

主要的受害部位是葉片。剛開始是葉片的一半或植株某一側的葉片發黃，當症狀加劇時，整體都會枯萎。根部轉為褐色、腐爛。

防治法

選擇嫁接在抵抗力強的台木的苗株，並且在進行淺耕等作業時，小心不要傷害到根部。如果發現病株，立刻連同周圍的土壤一併挖起來回收。

藥劑 沒有適用的藥劑。

白粉病

▶P28

發生時期 6～10月

主要的受害部位是葉片，如果症狀嚴重時會枯萎。葉片表面長出白色黴菌，有如被撒了麵粉的模樣。光合作用因此受到阻礙而無法進行，所以果實也會發育不良。

防治法

摘除過密的莖葉，保持良好的日照與通風；不要施予過多氮肥。如果發現發病的莖葉，立刻摘除。

藥劑 在疾病發生初期仔細噴灑アフェットフロアブル（台灣無此成分的藥劑；針對茄科果菜類的白粉病，可選用邁克尼等藥劑），連葉片背面也不可遺漏。

青枯病 ▶P42 發生時期 6～8月

原本富有活力的植株，會從上面部分的葉子開始枯萎，雖然仍維持綠色，但枯萎的速度很快。遇到陰天和晚上時，葉子會恢復生氣，該情形反覆一段時間後，最後還是枯萎。根部轉為褐色並且腐敗。

防治法

避免連續栽作；選擇嫁接在抵抗力強的台木的苗株。改善排水，並在地面鋪稻草和塑膠布等，避免地面溫度升高。病株必須立刻連同周圍的土壤一併挖起來回收。

藥劑 沒有適用的藥劑。

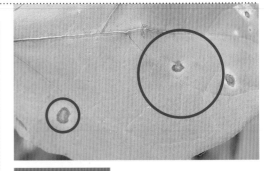

褐色圓星病 ▶P40下 發生時期 8～9月

葉片出現數公釐大小的褐色圓形或橢圓形病斑，病斑中心部位最後會裂開。病情嚴重的話，可能會造成植株枯萎。

防治法

進行適度的修剪，避免莖葉長得過於茂密。保持良好通風有利植物生長，同時也要注意肥料的補充。發病的葉片和莖必須立刻清除，長出病斑的苗株也不能繼續種植，必須丟棄。

藥劑 沒有適用的藥劑。

茶細蟎

▶P72

發生時期 4～10月

蟎蟲之一，不論是成蟲或幼蟲都會吸食汁液，是茄子的主要害蟲。除了導致新葉變得畸形，生長點受損，果實也會轉為褐色，表皮變硬，顯得粗糙不堪。

防治法

好發於高溫高濕的夏季，最好在梅雨季來臨之前，鋪上稻草降溫。不要在附近栽培山茶花等容易成為寄主的植物。被害的部分要盡早切除。

藥劑 在蟲害剛開始發生的梅雨季節，在植株整體噴灑因滅汀、礦物油（原文為：サンクリスタル乳劑，台灣無此產品）等。

擬瓢蟲 ▶P66上 **發生時期** 5～10月

瓢蟲科的成員。全身長著細毛，赤褐色的身體散布著多數黑點。成蟲和幼蟲從葉片背面啃食，連果實也會遭受啃食而變形。

防治法

幼蟲以馬鈴薯為食，所以不要在馬鈴薯附近栽培茄子。不論成蟲或幼蟲，只要發現一律撲殺。收成後的植株也要盡早清除。

藥劑 在蟲害發生初期，以百滅寧、撲滅松等朝葉片的背面進行重點式噴灑。

【為什麼茄子變得那麼硬，都沒辦法吃？】

「僵果」是一種茄子的生理障礙。如同字面上的意思，茄子會變得很硬，宛如石頭一樣。整體特徵包括果實無法變大，表面也沒有光澤，而且硬得像石頭。開花時，如果遇到低溫等情況，會妨礙花器的發育，導致無法授粉，就會提高僵果發生的機率。為了消除這樣的生理障礙，等到一開花時就要噴灑番茄多旺，補充荷爾蒙。不過，當氣溫降低到適合溫度以下時，即使補充了荷爾蒙，有時也難以避免發生僵果的情況。最好的處理方式是等到氣溫回升到足夠的程度時就定植。

僵果

◀噴灑番茄多旺以補充荷爾蒙。

▶果實停止發育、變硬，無法食用。

蔥・葉蔥

鏽病

▶P31上

發生時期

6～7月、10月

好發於夏天、低溫多雨時。葉片會出現稍微隆起的細長形橘色斑點。斑點破裂後，會噴出橘黃色的粉狀孢子。

防治法

只要病株還在，就容易使感染擴散，所以要立刻清除發病的枯葉。若因肥料消耗殆盡，導致植株虛弱，也會提高發病機率，適度補足肥料很重要。

藥劑 在發病初期，把展著劑加入亞托敏、碳酸氫鉀再噴灑。

蔥菜蛾

發生時期 5～11月

只會加害於蔥科植物的蛾類。幼蟲會潛入葉肉中啃食，最後只剩下表皮，並留下線狀的啃食痕跡。如果蟲害的情況很嚴重，整片葉子都會發白。

防治法

蓋上防蟲網防止成蟲靠近。長了白色線紋的葉片連同害蟲一併清除。幼蟲成長後會出現在葉片表面，如果看到了，連同蛹一起撲殺。

藥劑 在蟲害發生初期，以葉片為主於整體噴灑百滅寧和撲滅松。

蔥蚜蟲 ▶P56 **發生時期** 4～11月

成蟲和幼蟲會群聚在葉片吸食汁液，除了阻礙植物生長，據說也會成為萎縮病的病毒媒介。好發於暖冬、高溫又少雨的時候。

防治法

氮肥過多時會提高蟲害的機率，因此添加的分量必須控制得宜。可以利用蚜蟲厭光的特質，鋪銀黑色塑膠布以防止害蟲靠近。另外也可以用水管把害蟲沖走。

藥劑 發生蟲害時，對準害蟲噴灑エコピタ液劑和アーリーセーフ乳劑（台灣無此兩項產品，建議分別以糖水、葵無露替代）。

斜紋夜盜蟲 ▶P74 **發生時期** 7～11月

幼蟲會群聚在一起啃食葉片表面。幼蟲成長後，會在筒狀的葉片穿孔，從裡面啃食葉片；食量也會隨之增加，把葉片咬得破爛不堪。

防治法

趁幼蟲體型還小，尚處於團體行動時撲滅最有效率。如果發現葉片穿孔，有被啃食過的痕跡時，連同葉片一併將葉裡的幼蟲消滅。

藥劑 害蟲一旦潛入葉片中，藥劑就無法發揮作用，只能在幼蟲出現時，噴灑ノーモルト乳劑（台灣無此產品，建議以二福隆替代）。

白菜

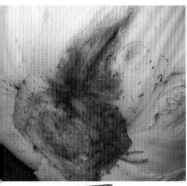

軟腐病

▶P46

發生時期

10月～隔年1月

大多是在結球時期發病。與地面接觸的葉柄等部分會出現像浸水般的斑點，接著逐漸軟化成淺褐色，並發出腐爛的惡臭。

防治法

選擇抵抗力強的品種，並且避免連續栽作。為了預防傷口感染，別讓植株受損也很重要。病株必須連同周圍的土壤清除乾淨，曾經發病的土壤不要再用於栽培作物。

藥劑 一旦感染就難以醫治，可以在發病之前噴灑バイオキーパー水懸劑（台灣無此產品，可用台肥的活力磷寶替代）等藥劑當作預防。

紋白蝶 ▶P54下 發生時期 4～6月、9～11月

蟲害在秋季也會發生，但還是以4～6月造成的損害最嚴重。幼蟲會啃食葉片。葉片可能被啃得只剩葉脈，而無法收成。

防治法

除了覆蓋防蟲網，也可以和萵苣混植，達到使害蟲忌避的效果。成蟲以花蜜為食，所以周圍千萬不可種植會開花的植物。卵和幼蟲都是捕殺對象。

藥劑 發生蟲害時，把蘇力菌等噴灑在植物整體。

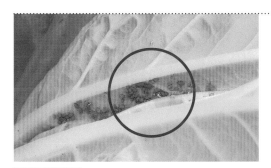

蚜蟲類 ▶P56 發生時期 4～11月

紅色、綠色、黃色等各種色彩的蚜蟲，緊緊依附在葉片背面吸食汁液。排泄物把葉片弄得黏膩不堪，還會誘發煤煙病，妨礙植物生長。

防治法

好發於氮素過高的土壤，所以氮肥的施加要控制得宜。可以利用蚜蟲厭光的特質，鋪設銀黑色塑膠布以防止害蟲靠近。

藥劑 噴灑葵無露、礦物油（原文為：アーリーセーフ、サンクリスタル乳劑，台灣無此產品，可選擇以葵花油製成的天然保護製劑「葵無露」替代）和賽速安等。

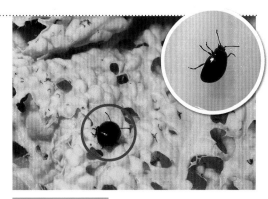

甘藍金花蟲 ▶P70下 發生時期 4～11月

黑色微小的成蟲和幼蟲，會在葉片鑽出小孔啃食。如果孳生的數量很多，葉片會被啃得破洞連連。害蟲一被觸碰時會掉落地面。

防治法

播種和植苗後，蓋上隧道式防蟲網，防止成蟲靠近。平時養成檢查葉片的習慣，只要看到成蟲和幼蟲就立刻撲滅。

藥劑 沒有適用的藥劑。

青椒・辣椒

> 原因是這個！

嵌紋病
▶P49

發生時期 5～11月

葉片出現綠色濃淡不一的馬賽克狀紋路，生長情況也不良，會變細、變形。連果實也會變得凹凸不平。

・防治法・

疾病的媒介是蚜蟲，必須覆蓋銀黑色塑膠布和防蟲網，以防害蟲靠近。病株要立刻清除，並將接觸過病株的剪刀等用具進行消毒，避免造成感染。

藥劑 沒有藥劑可治療發病的植株。蚜蟲出現時可噴灑葵無露（原文為：アーリーセーフ，台灣無此產品，可選擇以葵花油製成的天然保護製劑「葵無露」替代）。

菸草夜蛾・番茄夜蛾 ▶P58 **發生時期** 6～10月

主要的加害對象是茄科植物。幼蟲會侵入果實啃食內部，並啃出許多小洞，從外表很難發現。

・防治法・

覆蓋防蟲網，以防成蟲靠近。只要發現糞便和啃食的痕跡，便要仔細巡視周邊環境，一旦找到幼蟲就捕殺；並且摘除穿孔的果實。

藥劑 藥劑無法對潛入果實內的幼蟲產生作用，只能在蟲害發生初期噴灑因滅汀等。

瘤緣椿象 ▶P61上 **發生時期** 5～11月

成蟲和幼蟲會群聚在莖部吸食汁液。因為受害程度並不明顯，大多難以察覺，但如果害蟲的數量太多，還是可能會影響植物生長。

・防治法・

覆蓋防蟲網，以防成蟲靠近。在日常養成觀察植物的習慣，只要看到害蟲就消滅。如果在葉片背面發現黃褐色的卵塊，必須連同葉片一併切除。

藥劑 沒有適用的藥劑。

消滅成蟲的妙招

▶成蟲會散發出特有的臭味，為了解決這個問題，可以拿水桶等容器裝水，再滴入幾滴廚房清潔劑。利用其動作較為遲緩的清晨時段，搖晃植株讓害蟲紛紛掉入水桶。

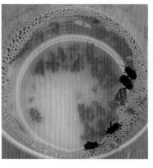

青花菜・花椰菜

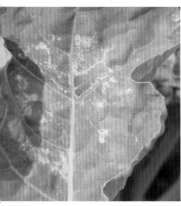

露菌病

▶P40上

發生時期 5～10月

葉片表面出現不規則的淺黃色小斑點，而且病斑的背面還長出霜狀黴菌。如果發病部位在花蕾，基部會轉黑，表面也會長出黴菌。

防治法

好發於常下雨的多濕時節，所以必須提高田畝的高度，以改善排水環境。除了鋪上塑膠布，也要避免密植，以保持良好通風。病株必須立刻處理。

藥劑 在發生初期噴灑四氯異苯腈、賽座滅等。

偽菜蚜

▶P56

發生時期 3～11月

被白粉薄薄覆蓋的深綠色蟲子，會依附在葉片背面和新芽，如果數量很多，看起來就像被撒落白粉。群聚性的害蟲不但會吸取汁液、加害植物，也會成為嵌紋病的媒介。

防治法

植株間宜保持充分的間距，讓植物在通風良好的環境下生長。可以利用蚜蟲厭光的特質，鋪設銀黑色塑膠布以防止害蟲靠近。

藥劑 定植時撒入毆殺松，或是在蚜蟲出現時噴灑賽速安。

紋白蝶 ▶P54下

發生時期 4～6月、9～11月

幼蟲是綠毛蟲，以葉片為食。幼小時吸附在葉片背面，隨著成長會從表面啃食葉片。如果孳生數量過多，葉子會被啃得只剩下葉脈。

防治法

發現卵和幼蟲時就立刻消滅。成蟲以花蜜為食，所以周圍千萬不可種植草花。另外也要覆蓋防蟲網。

藥劑 幼蟲孳生時，在植物整體噴灑蘇力菌等。

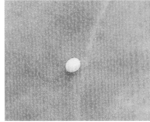

關鍵是不要使其產卵

◀紋白蝶會在葉片背面產下一個個黃色的紡錘形卵，約莫三到五天會完成孵化，幼蟲大約經過十天會化蛹。

◀為了防止成蟲飛過來產卵，除了蓋上防蟲網，也不要在周圍種植會開花的植物。

菠菜

露菌病

▶P40上

發生時期

3～5月、9～12月

葉片表面出現不規則的淺黃色病斑，而且病斑的背面還長出白色黴菌。孢子會從黴菌處擴散開來。苗株若遭受感染，可能會整株腐爛。

‧防治法‧

提高田畝高度，以改善排水。保持適當的植株間距，避免密集播種，以保持良好通風。並且選擇抵抗性強的品種栽培。如果發現病株要立刻清除。

藥劑 播種時把滅達樂混入土壤內，並噴灑波爾多液、硫酸快得寧等。

嵌紋病　▶P49　**發生時期**　4～10月

疾病的媒介是蚜蟲，所以和蚜蟲好發的季節一樣，都是在春季和秋季流行。葉片的綠色會變得濃淡不均，葉片也會捲曲變細，生長情況逐漸惡化。

‧防治法‧

一旦發病就難以醫治。可以用防寒紗或銀黑色塑膠布覆蓋植株，以避免害蟲靠近。發現病株時立刻拔除，接觸過病株的工具和手都要消毒。

藥劑 沒有適用的藥劑。如果是要對付蚜蟲，可以噴灑撲滅松。

立枯病　**發生時期**　3～11月

容易發病於春天播種時節。長出本葉5～6片、尚處於生長初期的苗株，會從接觸地面的莖部開始倒伏、枯萎。根部會像泡水般轉為褐色，並且腐爛。

‧防治法‧

實施連續栽作且排水不佳的菜園特別容易發病。除了避免連續栽作，提高田畝高度以改善排水情況也很重要。病株要連同周圍的土壤一起處置。

藥劑 在種子上灑蓋普丹再播種。

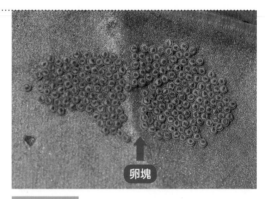

卵塊

夜盜蟲　▶P74　**發生時期**　8～11月

從卵塊剛孵化而成的幼蟲會集體啃食葉片。幼蟲隨著成長會分開行動，食量也會雖之增加。

‧防治法‧

播種後用防蟲網覆蓋植株，以避免害蟲靠近。如果在葉片背面發現卵塊，連同整片葉子一起清除。若發現粒狀的糞便，立刻找出周圍的幼蟲捕殺。

藥劑 在蟲害發生時噴灑ノーモルト乳劑（台灣無此產品，建議以二福隆替代），連葉片背面也不要遺漏。

萵苣

軟腐病

▶P46

發生時期 6～10月

發病於開始結球的時候；與地面接觸的外葉部分會逐漸腐爛，當症狀嚴重時，連已經結球的部分都會腐爛，並發出惡臭。細菌是從傷口入侵。

防治法

因排水不佳、氮肥過多而導致生長得軟弱無力的植株最容易發病。除了提高田畦高度以改善排水情況外，作業時勿使植物受損也很重要。病株需連同周圍的土壤一起處置。

藥劑 發病初期在全體噴灑銅快得寧、バイオキーパー水懸劑（台灣無此產品，可用台肥的活力磷寶替代）等。

細菌性斑點病 ▶P47 **發生時期** 4～11月

外葉長出許多有如浸水般的褐色斑點，隨著病情的惡化，斑點會逐漸擴大範圍。葉片也開始枯萎，葉緣完全枯黑。

防治法

下雨時容易造成泥水噴濺，導致土壤中的細菌有機會附著在葉片。有鑑於此，應該鋪設塑膠布。收成後的殘株要清理乾淨，不可留下。

藥劑 在發病初期噴灑可利得、硫酸快得寧等。

斜紋夜盜蟲 ▶P74 **發生時期** 7～11月

剛孵化而出的幼蟲會群聚在葉片背面啃食，但隨著成長會逐漸分散。隨著食量的增加，葉片受損的程度有增無減，甚至被啃得只剩下葉脈。

防治法

屬夜行性害蟲。用防蟲網覆蓋植株，可以避免害蟲靠近。如果發現糞便或是在土壤和植株底部找到幼蟲，一律撲滅。若能找到成群活動的幼蟲，防治效率更好。

藥劑 發生蟲害時噴灑蘇力菌、因滅汀等。

台灣長鬚蚜蟲

▶P56

發生時期

4～11月

體色偏紅的長鬚蚜蟲，會吸食植物的汁液。尤其數量很多的話，會緊緊依附在葉片上吸汁，造成植物萎縮，影響生長。

防治法

利用蚜蟲厭光的性質，鋪設銀黑色塑膠布和防蟲網，可防止蚜蟲靠近。保持適當的間距以改善通風，也不要添加過多氮肥。不論成蟲或幼蟲，看到了一律捕殺。

藥劑 發生蟲害時噴灑葵無露和礦物油（原文為：アーリーセーフ、サンクリスタル乳劑，台灣無此產品，可選擇以葵花油製成的天然保護製劑「葵無露」替代），連葉片背面也不能遺漏。

如何利用共榮植物

　　有些植物一起栽培時可以促進彼此生長，這樣的組合稱為「共榮植物」，也能夠在病蟲害的防治上發揮幾分效用。

　　所謂的「共榮植物」亦稱為「共榮作物」，意思是把某些植物種植在一起，能夠對彼此產生正面影響。除了在生長上相輔相成，也達到使害蟲忌避的效果。會散發出害蟲討厭的異味的植物，稱作「忌避植物」。

　　例如，蔥科作物所含的蒜素，屬於一種抗菌物質，而與其根部共生的微生物，可製造出抑制病原菌生長的物質。所以種植瓜科蔬菜和茄科蔬菜時，如果把蔥科作物種在一起，可以降低前面兩者罹患立枯病等感染病的機率。另外，草莓和大蒜也是廣為人知的組合，因為利用異味的相乘效果，可以預防草莓被蚜蟲入侵。

　　除此之外，利用香草植物的氣味，減少病蟲害發生的效果也頗值得期待。接下來介紹的，都是很適合在同一時間種植在同一地點的組合，請各位務必參考。

共榮植物的代表性範例

❶ 忌避植物的組合

小黃瓜和蔥

　　會啃食小黃瓜葉片的黃守瓜，討厭蔥的氣味，所以小黃瓜和蔥一同種植時就得以倖免蟲害，能夠順利生長。蔥也能降低小黃瓜罹患蔓割病的風險。

高麗菜和萵苣

　　兩者的組合可以防止綠毛蟲食害；萵苣也能夠避免被紋白蝶啃食。

❷ 深根性蔬菜搭配淺根性蔬菜的組合

　　淺根性的葉菜類搭配根紮得很深的紅蘿蔔和白蘿蔔，可提升肥料的吸收效率，讓彼此受惠。另外，以深根性的蘆筍搭配淺根性的西洋芹，也是頗為理想的組合。

❸ 喜光植物和喜陰植物的組合

　　討厭強烈日照的荷蘭芹，適合搭配草莖會長高的豌豆或蔓藤類的菜豆、茄子、小黃瓜，因為它們能向荷蘭芹提供適度的遮蔽。

喜歡日照的番茄搭配半陰性的韭菜，也是很好的組合。

❹ 養分需求高和養分需求低的組合

萵苣和洋蔥

　　萵苣對養分的需求性高，而洋蔥剛好相反。所以讓萵苣充分吸收養分，等到收成之後，只需利用萵苣的殘留肥料，就能夠讓洋蔥順利生長。

蔥能降低小黃瓜感染蔓割病的機會，對黃守瓜產生忌避作用。

萵苣和高麗菜

高麗菜

萵苣

萵苣能讓綠毛蟲不想接近高麗菜。

茄子和矮性四季豆

茄子

矮性四季豆

附著在四季豆根部的根瘤菌，具備固定氮的能力，同時也會向周圍釋放出含有氮成分的物質，幫助茄子順利生長。

蠶豆和高麗菜

蠶豆

高麗菜

兩者各自吸引不同的蚜蟲，所以可以替彼此防止害蟲接近。

番茄和羅勒

番茄

羅勒

羅勒對茄科蔬菜的害蟲能有效發揮忌避作用。

秋葵和萬壽菊

秋葵

萬壽菊

萬壽菊能降低線蟲和粉蝨類出沒的機率，和所有的蔬菜都是共榮作物的搭檔。

庭園樹木・花木的病蟲害

種植在庭園和花盆裡的樹木草花，最能讓人感受到季節的輪替。
以下為大家介紹常見的病蟲害，以及一旦發生時災情很容易擴大的類型。

【 常見於庭園樹木・花木的病蟲害 】

蝶類和蛾類的幼蟲以葉為主食，自然連庭園樹木和花木也不會放過。其中有些毛蟲具有毒性，所以在防治上必須特別當心。毛蟲好發的時間和樹種，幾乎都很規律，不妨事先確認清楚。

庭園樹木、花木和蔬菜、草花不同，不至於發生只是被毛蟲啃食葉片或者被蚜蟲吸食汁液就會枯萎的情況，有的話也是極為少數。不過，如果遭受大量的介殼蟲入侵就另當別論了。當樹幹的下半部感染到枝枯病或胴枯病時，整棵植株有可能完全枯萎，必須特別注意。

葉片一旦染病，和蔬菜一樣會出現病斑。如果病情持續惡化，有時會造成植株完全枯萎。感染病和害蟲不同，很難在初期及時發現，所以最重要的是做好預防工作。感染病的流行期大多有規律可循，如果要施用藥劑，建議在好發季節的前一個月噴灑。

發現樹木的生長情況不佳時，請先確認樹幹和樹枝是否穿洞，以及有無附著木屑或流出分泌物。桃樹、櫻花樹、梅樹等樹幹如果流出樹液，有很高的機率是蘋果透翅蛾的幼蟲入侵所造成。如果有穿洞、糞便流出的情形發生，表示有天牛或蝙蛾等的幼蟲鑽洞入侵。

如果任其發展，受害部位以上的部分會逐漸枯萎；只要風一吹也可能被折斷。尤其是初夏和秋季，更是病蟲害發生的高峰期，一定要特別小心，才能及早發覺。

玫瑰的病蟲害很多，必須付出更多心力維護。
圖為在花木中很受歡迎的蔓性玫瑰。

【 適時修剪也很重要 】

為了降低病蟲害造成的損害，早期發現固然重要，但為了妥善達到防治的目的，日常管理時改善日照與通風，打造出不容易發生病蟲害的環境更是至關重要。因此，妨礙日照和通風的徒長枝、容易淪為害蟲棲身處的枯枝和葉片、過於茂密的樹枝等，都屬於妨礙植物健全生長的枝條，必須定期整枝和修剪。

必須修剪的枝條種類

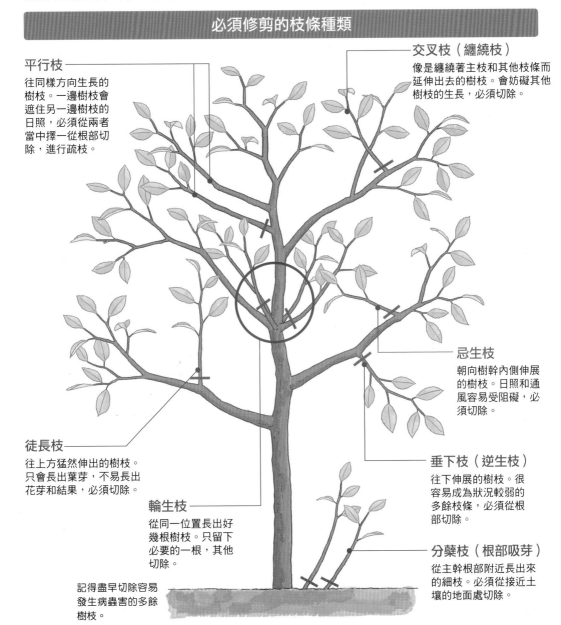

平行枝
往同樣方向生長的樹枝。一邊樹枝會遮住另一邊樹枝的日照，必須從兩者當中擇一從根部切除，進行疏枝。

交叉枝（纏繞枝）
像是纏繞著主枝和其他枝條而延伸出去的樹枝。會妨礙其他樹枝的生長，必須切除。

忌生枝
朝向樹幹內側伸展的樹枝。日照和通風容易受阻礙，必須切除。

徒長枝
往上方猛然伸出的樹枝。只會長出葉芽，不易長出花芽和結果，必須切除。

垂下枝（逆生枝）
往下伸展的樹枝。很容易成為狀況較弱的多餘枝條，必須從根部切除。

輪生枝
從同一位置長出好幾根樹枝。只留下必要的一根，其他切除。

分蘗枝（根部吸芽）
從主幹根部附近長出來的細枝。必須從接近土壤的地面處切除。

記得盡早切除容易發生病蟲害的多餘樹枝。

繡球花

白粉病

▶P28

發生時期 6～10月

葉片和新芽像被撒上麵粉般長出白色黴菌，而且會逐漸擴大到整個葉片。情況嚴重時，連葉片都會變形、枯萎，新芽也無法伸展。

防治法

好發於枝葉過於茂密、有病株存在的植株。日常管理時應適度修剪枝葉，保持良好通風，並摘除病葉。氮肥不可添加過量。

藥劑 發生初期噴灑菲克利、蟎離丹等。

炭疽病 ▶P36上 **發生時期** 4～10月

葉片出現許多中心呈灰褐色凹陷狀的紫褐色小塊病斑。隨著症狀加劇，病斑會稍微增大，並出現破洞，葉片會枯萎。

防治法

立刻清除發病部位。適度修剪過於茂密的枝葉，以保持良好通風；避免葉片因日曬雨淋而受損。也不可添加過多的氮肥。

藥劑 發病初期在全株噴灑免賴得、甲基多保淨。

原因在這裡！

蝙蛾科 **發生時期** 8～10月

蛾的幼蟲會入侵樹幹，把內部啃食成隧道狀，導致植物生長狀況惡化。牠們會以木屑和糞便堆成的塊狀物覆蓋在入侵口上。

防治法

清除附著在樹幹等處的袋狀物，並把細針插入孔洞，刺殺裡面的幼蟲。剛孵化出來的幼蟲會棲身在雜草裡，所以除了勤加除草外，還要把周圍的環境整理乾淨。

藥劑 4～5月時在植株和其周圍噴灑撲滅松。若要對付幼蟲，須從洞口注入藥劑。

幼蟲

成蟲

碧蛾蠟蟬 ▶P54上 **發生時期** 5～9月（幼蟲）

幼蟲和成蟲都會吸食樹木的汁液。雖然被害蟲吸汁不至於對植物造成嚴重的損害，但是幼蟲會分泌棉狀的白色分泌物，附著在樹枝上的樣子看起來很不美觀。

防治法

過於茂密的枝葉必須定期修剪與整枝。發現裹著棉狀分泌物的幼蟲和成蟲時一律捕殺，並用牙刷撣掉附著在樹枝上的分泌物。

藥劑 沒有適用的藥劑。

楓樹・槭樹

白粉病

▶P28

發生時期 5～10月

新芽和葉片被宛如麵粉的黴菌覆蓋，造成葉片變形和掉落。新芽無法冒出，生長情況也每況愈下。

防治法

過於茂密的枝葉必須定期修剪與整枝，病葉和落葉也要立刻清除，以免周圍受到感染。注意不可一次添加大量的氮肥。

藥劑　發病初期，如果長出薄薄一層白色的黴菌，用易胺座等噴灑全體。

星天牛

▶P60

發生時期

7月～隔年4月（幼蟲）、5月下旬～7月（成蟲）

乳白色的幼蟲會侵入樹幹，啃食內部，如果啃食的情況嚴重，會造成樹木枯死。成蟲以嫩枝和柔軟的樹皮為食，連樹枝前端也不放過。

防治法

平常養成觀察的習慣，注意樹枝有無出現被啃食的痕跡或是產生木屑的小洞。只要看到成蟲就撲殺。此外，枯木會成為害蟲的巢穴，也必須立刻清除。

藥劑　把木屑清除乾淨，朝著洞穴噴灑百滅寧。

圓尾蚜蟲 ▶P56 **發生時期** 4～10月

紅褐色的小蟲會群聚在新芽、新梢和新葉的柔軟處吸汁。當蟲的數量很多時，會導致葉片捲曲，生長情況也惡化。其排泄物還會誘發煤煙病。

防治法

當出現害蟲時，必須連枝葉一併切除，才能一次消滅整群的害蟲。過於茂密的枝葉必須定期修剪與整枝，以保持良好的日照與通風。記得一次不要添加過多氮肥。

藥劑　在蟲害剛開始發生時，噴灑撲滅松於植株整體，連葉片背面也不要遺漏。

麗綠刺蛾 ▶P57下 **發生時期** 6～9月

台灣本島無此類害蟲，僅在金門有分布。披著有毒刺毛的幼蟲以葉片為食。幼齡幼蟲會群聚在葉片背面啃食，隨著成長會逐漸獨立行動，但數量太多的話，會把葉片啃食殆盡。

防治法

幼蟲是撲殺對象。但如果直接觸碰到幼蟲的刺毛，會產生劇痛，也可能引起皮膚發炎，所以不可以用手直接接觸。一旦發現越冬中的卵，也要將牠們全數破壞。

藥劑　在蟲害一開始發生時，噴灑撲滅松或ベニカJスプレー（成分為可尼丁＋芬普寧，台灣無此產品，可用賽洛寧替代）等藥劑。

齒葉冬青

煤煙病

▶P33上

發生時期 一整年

蚜蟲和介殼蟲的排泄物會成為黴菌的營養源，導致葉片和樹枝長出黑點似的模樣。植物被黴菌覆蓋之下，無法進行光合作用，生長逐漸惡化。

防治法

關鍵在於消滅導致發病的蚜蟲。切除病變嚴重的樹枝，並連同落葉清除乾淨。過於茂密的枝葉必須定期修剪與整枝，以維持良好的通風和日照環境。

藥劑　沒有適用的藥劑。

柑橘葉蟎

▶P68

發生時期 5～11月

紅褐色的蟎蟲會群聚在葉片背面吸汁，造成葉片長出許多白色小斑點，變成斑駁的模樣。好發時期為初夏到秋季等高溫少雨的環境。

防治法

勤加檢查葉片背面，以便能早期發現。受損的部分都要馬上切除。蟎蟲討厭雨水，喜歡高溫乾燥的環境，所以氣候太過乾燥時，可用強力水柱沖刷葉片背面。

藥劑　如果孳生的數量太多，藥劑的效果也會大幅降低。最好在害蟲一開始出現時，噴灑依殺蟎等藥劑。

光葉石楠

葉斑病

▶P40下

發生時期 4～10月

是由葉埋盤菌引起的葉斑病。葉片上出現黑褐色的圓形斑點，斑點周圍則呈紅色，最後會擴及整片葉子。隨著症狀惡化，會開始落葉，樹木的生長情況也愈來愈差。

防治法

過於茂密的枝葉必須定期修剪與整枝，以維持通風良好、日照充足的環境。發病的枝葉必須立刻切除，以免感染向周圍擴大。落葉也要清除乾淨。

藥劑　發病初期和摘除病葉後，噴灑百滅寧等藥劑。

大避債蛾

▶P73上

發生時期

4月、6～10月

以葉片築成蓑巢的幼蟲會啃食葉片。蓑巢還小時，害蟲造成的損害尚不嚴重，但食量會隨著成長增加，連樹枝的皮都會被啃光。

防治法

平常就養成觀察植物的習慣，一看到垂在樹枝的蓑巢就立刻破壞。在幼蟲的繁殖期，切除蓑巢時，必須連同樹枝一起銷毀。

藥劑　趁蓑巢還小的時候，數次噴灑三氯松。

垂絲海棠

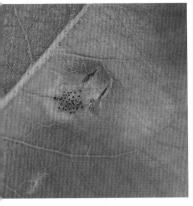

赤星病

發生時期 4～6月

葉片表面出現稍微隆起的橙黃色小斑點，背面則長出灰色的鬚狀物。如果症狀嚴重，葉片會變黃、枯萎。

橘捲葉蚜 ▶P56 **發生時期** 4～11月

體色呈淡綠色、腳和觸角為黑色的小蟲，會群聚在新梢和新葉吸汁。遭受蟲害的植物無法冒出新芽，生長情況也會惡化。

防治法

摘除發病的葉片。過於茂密的枝葉必須定期修剪與整枝，以維持通風良好和日照充足。病原菌會寄生在龍柏上，所以周圍不可種植。

藥劑 沒有適用的藥劑。

防治法

看到害蟲就立刻撲滅；如果連同枝葉一併切下，可以捕獲整群的害蟲，提高防治的效率。過於茂密的枝葉必須定期修剪與整枝，以維持通風良好。

藥劑 在發生蟲害的一開始，噴灑撲滅松或ベニカＪスプレー（成分為可尼丁＋芬普寧，台灣無此產品，可用賽洛寧替代）等藥劑，連葉片背面也不要遺漏。

小葉黃楊・黃楊

黃楊木蛾

▶P73下

發生時期

3～8月（幼蟲）

害蟲會利用新葉和小樹枝築巢，幼蟲就躲在巢內啃食新葉。幼蟲的成長速度很快，所以災情也會快速蔓延，連葉片都會被啃光。

防治法

平常養成觀察植物的習慣，只要找到幼蟲就捕殺。若能在初春發現體型還小的幼蟲，並於這個階段做好防治的工作，就能降低受損程度。

藥劑 在一開始發生蟲害的時候，向吐絲築巢的幼蟲噴灑ベニカＪスプレー（成分為可尼丁＋芬普寧，台灣無此產品，可用賽洛寧替代）。

月桂樹

紅蠟介殼蟲

▶P59

發生時期

一整年（幼蟲是6月下旬～7月上旬）

此種介殼蟲全身覆蓋著紅豆色的蠟狀物質，通常都密布在嫩枝和葉片。雌成蟲和幼蟲都會吸汁，造成樹木變得衰弱，也會誘發煤煙病。

防治法

找到害蟲就用牙刷撣掉。如果害蟲密密麻麻地依附在樹枝上，就將整個枝條切除。過於茂密的枝葉必須定期修剪與整枝，以維持通風良好。

藥劑 在幼蟲從殼內孵化而出的時期，仔細噴灑ボルン（台灣無此產品，可用礦物油替代），不可有遺漏之處。

桂花

褐斑病

▶P40下

發生時期

11月～隔年4月

葉尖和邊緣出現淡褐色的斑點，接著轉為灰褐色和灰白色。病斑上會長出無數黑色小點。病斑和未染病的部分界線分明。

防治法

為了避免周圍的枝葉也受到感染，必須立刻剪除病葉。過於茂密的枝葉必須定期修剪與整枝，以保持通風良好。

藥劑 在發病初期切除長出病斑的葉子後，噴灑甲基多保淨等藥劑。

葉枯病（葉尖）

發生時期

10月～隔年5月

從葉尖長出往底部逐漸擴散的淡褐色病斑，不久轉為灰白色。症狀和褐斑病類似，不同之處是會在初夏落葉。

防治法

切除發病的葉片。病斑部分如果擴大時，葉片會紛紛掉落，落葉也要清除乾淨。過於茂密的枝葉必須定期修剪與整枝，以維持通風良好。

藥劑 在發病初期切除長出病斑的葉子後，噴灑ゲッター水懸劑（成分為Diethofencarb，台灣無此類產品）和四氯異苯腈等藥劑。

柑橘葉蟎

▶P68

發生時期　5～11月

紅色的葉蟎習慣群聚在葉片背面吸汁，使葉片長出白色斑點，像色素褪去般發黃。雖然不至於枯萎，但已影響到美觀。

防治法

葉蟎喜歡高溫乾燥的環境，不喜歡潮濕。所以在氣候乾燥時，用水管對著葉片沖水，可以降低受害的程度。過於茂密的枝葉必須定期修剪與整枝，以保持良好的通風環境。

藥劑 在蟲害發生的一開始，從葉片背面仔細噴灑依殺蟎。

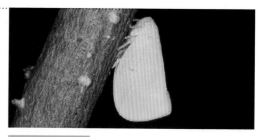

碧蛾蠟蟬　▶P54上

發生時期　5～9月（幼蟲）、7～9月（成蟲）

新梢和葉片背面長出棉絮般的分泌物，幼蟲便是藏身其中吸汁。害蟲吸汁，雖然不致於造成嚴重的損害，但附著在樹枝上的白色分泌物，看起來卻很礙眼、不甚美觀。

防治法

用牙刷撢掉棉狀分泌物。成蟲也會吸汁，所以和幼蟲一樣都是捕殺對象。通風不良會提高蟲害發生的機率，所以枝葉如果長得過於茂密，必須加以修剪和整枝。

藥劑 沒有適用的藥劑。

梔子花

大透翅天蛾　發生時期 6～9月

大透翅天蛾是梔子花的主要害蟲，幼蟲的尾部極具辨識性。體型巨大，食量也驚人，會把葉片全部啃光，只留下光禿禿的樹枝，甚至會造成植物枯萎。

防治法

以啃食痕跡和害蟲的糞便為線索，循跡找到幼蟲後立刻捕殺。有些幼蟲呈褐色，但也有些幼蟲的體色和葉片一樣為綠色，所以要仔細辨識，不要看漏。

藥劑 在幼蟲剛開始出現時，噴灑毆殺松和可尼丁。

▲大透翅天蛾會在落葉等處化蛹、越冬。綠褐色的成蟲，體型厚實，會停留在半空中吸取花蜜。白天的活動力旺盛，時常可見到他們出沒。

白蠟介殼蟲　▶P59

發生時期 一整年（幼蟲是6～7月）

體表覆蓋著白色蠟狀物質的半球形雌成蟲和星形幼蟲，會聚集在葉片和樹枝吸汁。其排泄物會誘發煤煙病，導致植物變得衰弱。

防治法

平常仔細觀察，盡可能早期發現。一看到害蟲就用牙刷撢掉，如果數量很多時，連枝幹一併切除。須適度修剪長得過於茂密的枝葉並整枝，以保持良好的通風與日照。

藥劑 在幼蟲從殼內孵化而出的時候，噴灑ボルン（台灣無此產品，可用礦物油替代）可達到不錯的防治效果。

【為什麼葉片的顏色變淡了？】

缺鐵

▲柑橘的葉子因為缺鐵，導致新葉變成黃色。

只要在製造葉綠素時所需的鐵不足，就會發生這樣的情形，此現象不具傳染性。但新葉的症狀尤其明顯，不但葉脈之間會變成黃色，發育情況也變得不佳。原因是土質偏向鹼性，造成鐵的吸收不良。對於多雨的地方而言，自然界並沒有鹼性土，但如果是以盆栽的方式栽培植物，必須選擇合適的土壤。

鐵線蓮

褐斑病

▶P40下

發生時期　4〜10月

葉片長出帶褐色和黑色的小斑點，最後擴大為圓形和橢圓形的大塊病斑。如果病斑很多，葉片會枯萎掉落，植株變得虛弱。

防治法

通風不良會提高發病機率，所以過於茂密的枝葉必須適度修剪。染病的葉片務必清除乾淨。如果以盆栽種植，澆水時要澆在底部，不可直接澆在葉片。

藥劑　在一開始發病和摘除病葉後，噴灑モスピラントップジンMスプレー（成分為亞滅培+甲基多保淨，台灣無此綜合成分的藥劑）。

赤星病

發生時期　4〜6月

葉片表面出現圓形的橘色病斑，病斑一旦變大，背面會長出毛狀物，從裡面散播出孢子。葉片則變黃、枯萎。

防治法

立刻清除病變的葉子。不要把水直接澆在葉片上，避免過於潮濕。改善通風和排水，把盆栽放置在不會長期被雨水淋濕的地方。

藥劑　發病初期噴灑蓋普丹或チオノックフロアブル（成分為Thiuram，台灣無此成分的產品）等藥劑。

厚葉石斑木

煤煙病

▶P33上

發生時期　一整年

葉片出現點狀的黑色黴菌，漸漸擴散到枝葉全體。黴菌如果長太多時，會妨礙光合作用的進行。除了影響植物的發育，同時有礙美觀。

防治法

適度整枝和修剪過於茂密的枝葉，以保持良好的通風與日照。對於導致發病的蚜蟲和介殼蟲須加以防治，同時也要把落葉清理乾淨。

藥劑　沒有適用的藥劑。

加拿大唐棣

舞毒蛾

▶P66下

發生時期
4〜6月（幼蟲）
幼蟲每年在春天出生一次，以葉片為食。幼蟲的體長可成長到6cm，食量也會隨著成長而增加，如果放任不管，全部葉子都會被啃光。

防治法

春天到初夏是幼蟲的捕捉期。初春時若在樹幹和葉子上發現成群的幼齡幼蟲，必須連同枝葉剪除。冬季時如果發現卵塊，就用竹籤等銳物刺破。

藥劑　藥劑的效果會隨著害蟲成長而減退，最好在一開始發生蟲害時，在整體噴灑蘇力菌。

櫻花

穿孔病

發生時期 5～6月

葉片長出無數個褐色小斑點，而且斑點的中心都有破洞。除了有礙美觀，葉片也會從夏天開始掉落，不過不會全部掉光。

防治法

病原菌會寄生在落葉上越冬，所以落葉一定要集中清除乾淨。發病的葉子也要清除。適度修剪過於茂密的枝葉，並避免密植。

藥劑 從疾病的好發期開始，定期噴灑免賴得、甲基多保淨等。

天狗巢病（簇葉病） ▶P37上 **發生時期** 一整年

一部分的根部膨脹，並從膨脹處長出許多分布呈掃帚狀的小樹枝。長在小樹枝上的葉片發育不良，也不會開花。如果症狀嚴重，整棵樹都會變得衰弱。

防治法

從冬天到春天這段時間，將異常增長的小樹枝連同膨脹處一併切除。因為疾病好發於日照不良的情況下，所以冬天必須進行修剪，並保持通風良好。

藥劑 切除病枝後，在切口塗抹甲基多保淨軟膏。

梅白介殼蟲 ▶P59 **發生時期** 5～9月

一年內會繁殖三次幼蟲，大多寄生在樹枝和樹幹吸汁。除了背著圓盤狀的外殼，害蟲還會分泌出蠟狀物質。當數量很多時，不但造成樹枝看起來一片白茫茫，生長情況也會變衰弱。

防治法

平常仔細觀察，盡可能早期發現。一看到害蟲就用牙刷撢掉，如果數量很多，連枝一併切除。害蟲喜歡待在不被日光直射的地方，所以枝葉必須定期修剪，不可過於茂密。

藥劑 在每年5、7、9月的幼蟲出生時期，噴灑邁克尼等。

櫻錐尾蚜 ▶P56 **發生時期** 4月中旬～6月

害蟲會依附在新葉上吸汁，導致葉子皺縮、往內捲曲。葉緣會從黃色逐漸轉為紅色，最後掉落。葉片變形，也有礙美觀。

防治法

切除被害蟲捲起的葉子，連同裡面的幼蟲銷毀。害蟲不一定隨時都在葉子裡，所以必須在其他植物受害前將牠們消滅殆盡。

藥劑 仔細噴灑亞特松、撲滅松等，以確保藥劑對藏在葉子裡的害蟲也能發揮作用。

石楠

炭疽病

▶P36上

發生時期 4～11月

葉片長出幾乎呈圓形的褐色病斑。病斑若是擴大，中央會轉為灰白，周圍則變為暗褐色。最後長出黑色小斑點，葉子枯萎。

防治法

立刻清除病葉。枝葉交纏、通風不良會提高發病機率，必須適度修剪，以改善通風。修剪下來的枝葉也要立刻清除乾淨。

藥劑 發病時和摘除病葉後，噴灑甲基多保淨等。

杜鵑軍配蟲

▶P61下　**發生時期** 4～10月

成蟲和幼蟲都會寄生在葉片背面吸汁。受損的葉片會出現白濁斑點，症狀嚴重者會黃化、掉落。生長和開花情況也會惡化。

防治法

不論是成蟲和幼蟲，看到時一律撲滅。害蟲偏好高溫乾燥的環境，所以注意不可讓地面保持乾燥，也必須將植株周圍的雜草和落葉清除乾淨。

藥劑 在蟲害發生初期，以葉片背面為主向整體噴灑撲滅松、殿殺松等。

茶捲葉蛾

▶P70上

發生時期 5～10月

幼蟲會在葉片和新芽吐絲築巢，然後藏身於其中啃食周圍的新葉和新芽。生長點也會遭到啃食，造成生長停頓，美觀也受到影響。

防治法

通常一年會發生三、四次。平常多仔細觀察植物，如果發現被害蟲吐絲的葉片，立刻摘除，並用手捏碎裡面的幼蟲。最好不要打開葉片，以免幼蟲溜走。

藥劑 發生初期在植株整體噴灑撲滅松等，讓藥劑也能滲透到把自己捲在葉裡的幼蟲。

原因是這個！

捲葉蟲

▲會把葉片捲起的蟲類總稱。種類繁多，將葉片捲起的方法也各自不同。有些種類的蟲會把兩片大如石楠的葉子，重疊起來纏成蟲苞，棲身在裡面。

黑櫟

青剛櫟白粉病

發生時期 4～11月

新葉的正面出現輪廓模糊的淡黃色病斑。起初從葉片背面長出白粉，漸漸地轉為黑褐色，影響美觀。

小青銅金龜　▶P63上　**發生時期**　6～9月

屬於金龜子之一，深綠色的成蟲會啃食葉片，只留下葉脈，對葉子造成嚴重的破壞。最棘手的地方在於害蟲會不斷飛來，難以根除。

・防治法・

只要曾經發過病，每年都會復發，為了避免病菌隔年捲土重來，必須立刻銷毀發病的葉子和落葉。修剪過於茂密的枝葉，以改善通風與日照。

藥劑　發病初期在全株噴灑滅派林、甲基多保淨等。

・防治法・

發現出沒在植物周邊的害蟲就立刻捕捉，而且選擇在害蟲動作遲鈍的早晨進行會更順利。牠們會在尚未熟成的腐葉土和堆肥等處產卵，所以若要使用有機物，必須確保已經熟成。

藥劑　成蟲的數量如果很多，可以噴灑撲滅松。

木槿

綿蚜

▶P56

發生時期 4～11月

害蟲會附著在花蕾和花上，尤其喜歡密密麻麻地聚集在春天的新芽和新梢，吸食汁液，對植物造成損害。而且容易導致煤煙病、受到病毒感染。

・防治法・

平常就要多觀察植物，一發現害蟲就立刻捕殺。如果出現成群的害蟲，就連枝葉一同切除。修剪過於茂密的枝葉，以改善通風與日照環境。

藥劑　蟲害發生初期噴灑撲滅松等，連葉片背面都不要遺漏。

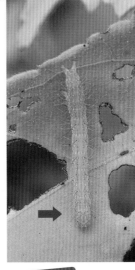

芙蓉

犁紋黃夜蛾

發生時期

6～7月、9月

幼蟲會把葉片啃出大洞，嚴重時甚至會將葉脈以外的部分都啃光。綠色的幼蟲隨著成長會出現黑色斑紋和黃色直條紋。

・防治法・

如果發現新葉和新芽被啃出破洞，找出幼蟲消滅。附近如果有木槿、棉花和秋葵等植物受害，表示成蟲已飛來產卵，必須格外注意。

藥劑　沒有適用的藥劑。

119

山茶花・茶梅

黃斑病

▶P48、P49

發生時期 一整年

葉片出現大小不一的黃白色斑紋，有時候整片葉子都會變成黃白交雜。即使發病，葉子不會枯萎，但是也無法痊癒。

防治法

特徵是只有一部分的枝葉出現病變。如果覺得礙眼，直接切除也無妨。已經發病的樹不可用於扦插繁殖。購買苗株時，記得挑選沒有病葉的個體。

藥劑 沒有適用的藥劑。

菌核病 ▶P29下 發生時期 1〜4月

花瓣出現浸水般的茶褐色斑紋，而且漸漸會擴散到整體，最後掉落。如果在接近開花期時，花蕾被病原菌入侵，會腐爛成褐色，也無法開花。

防治法

發病的花連同自然掉落的花集中清理，以免疾病在隔年捲土重來。如果是種植在盆栽，澆水時要澆在植株底部，而不要直接澆在葉子上。

藥劑 如果花蕾已經膨脹，可以噴灑甲基多保淨、免賴得等。

輪紋病 發生時期 4〜10月

據說是由蚜蟲做為媒介的病毒所引起的疾病。葉片長出同心圓狀的黃色病斑，最後整片葉子會逐漸黃化、落葉。

防治法

修剪過於茂密的枝葉，以改善通風與日照。立刻切除已發病的葉子，連同可能會附著病菌的落葉一併清除乾淨。

藥劑 沒有藥劑能對病毒性疾病發揮效用，頂多只能消滅蚜蟲。

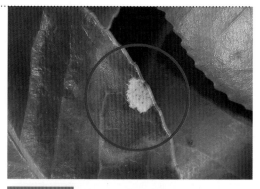

炭疽病 ▶P36上 發生時期 4〜11月

葉片長出暗褐色的圓形小病斑，隨著症狀的惡化，病斑會逐漸擴大。中心部分轉為灰白色，並出現擴及全葉的黑色小粒點。

防治法

只要發現病葉就摘除。枝葉交纏、通風不佳會提高發病機率，所以必須修剪過於茂密的枝葉，以改善通風與日照。

藥劑 發病時和摘除病葉後，噴灑甲基多保淨等。

餅病

發生時期 **5~6月**

新葉出現淺綠色的小鼓起，再逐漸膨脹成平常的數倍。隨著症狀的惡化，膨大肥厚的葉片會出現白粉。

原因在這裡！

·防治法·

白粉就是黴菌的孢子，會到處飛散，造成感染擴大，所以首先要在蒙上白粉之前盡速切除病葉。修剪過於茂密的枝葉，以改善通風與日照。

藥劑　沒有適用的藥劑。

百香果熱潛蠅

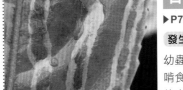

▶P71下

發生時期 **5~10月**

幼蟲會潛入葉片之中啃食葉肉，只留下葉的表皮。葉片被爬過的地方會留下彎彎曲曲的白色黏液，這些痕跡不僅影響外觀，對植物本身也會造成損害。

·防治法·

養成觀察植物的習慣，若出現白色線痕，便循線找出前端的幼蟲和蛹，用手捏死。受損嚴重的葉片，必須整片切除。

藥劑　沒有適用的藥劑。

茶毒蛾

▶P66下

發生時期

4月中旬~6月（幼蟲）
7月下旬~9月（幼蟲）

體色為黃褐色、全身布滿黑色斑紋的毛蟲以葉片為食。如果數量很多，葉片會被啃得一乾二淨。幼蟲起初會群聚在葉片背面，隨著成長而開始獨立行動。

·防治法·

幼蟲和卵都是捕殺的對象，但小心不要觸碰到害蟲的毒針。在牠們處於卵塊的型態或是幼蟲獨立行動之前，連枝葉一併捕獲整群的幼蟲，更可以提高防治的效率。

藥劑　幼蟲還小時，在全株噴灑百滅寧、ダブルプレ—AL（成分為四克利+芬普寧，台灣無此綜合成分的藥劑，可用賽洛寧替代）。

小柑橘蚜蟲 ▶P56 **發生時期** 主要是4~11月

暗褐色的小蟲，群聚在新梢和新葉等處吸汁。被吸食的芽因而無法生長，除了生長情況惡化，還會誘發煤煙病。

·防治法·

孵化後約十天就長為成蟲，而且繁殖力相當旺盛。最重要的是及早發現，看到蟲就撲殺。在幼蟲獨立行動之前，可以連枝葉一併剪除，以捕獲整群的幼蟲，更能提高防治效率。

藥劑　發生初期噴灑毆殺松、亞特松等，連葉片背面也不要遺漏。

杜鵑花・皋月杜鵑

餅病

發生時期

5～6月、8～9月

主要症狀是新葉像烤年糕似的膨大，接著被白粉覆蓋，最後轉為褐色、腐爛。所謂的白粉是黴菌的孢子，到處飛散的結果會造成更大的損害。

防治法

最好能在蒙上白粉之前盡速切除病葉。修剪過於茂密的枝葉，以改善通風與日照。澆水時要澆在底部，不要直接澆在葉子上。

藥劑 在發病初期噴灑滅普寧、硫酸快得寧等藥劑。

灰黴病

▶P39上

發生時期 4～11月

花瓣上先出現黑色小斑點，接著逐漸擴大、顏色轉為褐色，最後腐爛。梅雨季和濕度高的時候，容易誘發黴菌孳生。

防治法

花梗容易長菌，必須勤加摘除。植物衰弱時也容易發病，所以除了重視排水，也要避免密植，以維持良好的通風與日照。

藥劑 趁斑點還小時，噴灑甲基多保淨，以防病情繼續擴大。

三節葉蜂 ▶P69 **發生時期** 5～10月（幼蟲）

頭部為黑色的淡綠色害蟲，身體側邊遍布著許多黑點。群聚的幼蟲會集體從葉片邊緣啃食，把葉片啃光，只剩下葉脈。如果數量很多時，花木會被啃得光禿禿。

防治法

通常一年發生三次。防治重點在於養成觀察植物的習慣，以便能早期發現。如果發現啃食痕跡，可循跡找到幼蟲撲殺。連葉切除，能夠一次撲滅整群的幼蟲。

藥劑 在幼蟲一開始出現時，以オルトランC（為殫殺松＋撲滅松＋賽福寧的綜合成分商品，台灣無此產品）噴灑植物整體。

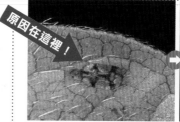

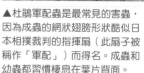

原因在這裡！

▲杜鵑軍配蟲是最常見的害蟲，因為成蟲的網狀翅膀形狀酷似日本相撲裁判的指揮扇（此扇子被稱作「軍配」）而得名。成蟲和幼蟲都習慣棲息在葉片背面。

杜鵑軍配蟲

▶P61下

發生時期 4～10月

成蟲和幼蟲都依附在葉片背面吸汁，導致葉片發白。牠們造成的損害和葉蟎很類似，但是軍配蟲會在葉片背面留下黑色的排泄物，可以依此區分。

防治法

養成觀察植物的習慣，看到害蟲就立刻撲滅。修剪過於茂密的枝葉，以改善通風與日照。周圍的雜草和落葉也要清掃乾淨，使植株底部保持清潔。

藥劑 一年會發生三到五次。在蟲害發生初期噴灑ベニカ×ファインスプレー（台灣無此綜合成分的藥劑，可用百滅寧替代）。

大花山茱萸(大花四照花)

白粉病

▶P28

發生時期 4～11月

葉片和新梢長出有如麵粉般的白色圓形黴菌,漸漸地,整片葉子都會被黴菌覆蓋。如果黴菌很多,植物可能會枯萎。新葉也會變成畸形模樣。

防治法

枝葉過於茂密或周圍有病株存在時,都會提高發病的機率。應趁早處理病葉和落葉,並且適度修剪枝葉,以改善通風與日照。

藥劑 在發病初期噴灑百滅寧、蟎離丹等。

美國白蛾

▶P62

發生時期 6～10月

牠們會吐絲築成網狀巢,躲在裡面的幼蟲會成群啃食葉片。等到幼蟲成長後則分開行動,食量也變得更大。如果數量很多時,所有的葉子可能都會被啃光。

防治法

一年會發生兩、三次。平常要仔細觀察,一發現幼蟲就立即撲滅。如果在牠們獨立行動之前,連枝葉和巢一併切除下來,可提高防治的效率。

藥劑 在幼蟲尚未分散行動的初期,噴灑毆殺松等。

木瓜(貼梗海棠)

赤星病

發生時期 4～6月

葉片表面長出鮮橘色的凹陷狀斑點,葉片背面則長出鬚狀毛。如果病變情況很嚴重,不但會造成落葉,生長情況也會惡化。

防治法

立刻摘除清理發病的葉子。孢子會從葉片背面的毛散播開來,附著在龍柏等樹木越冬,所以除了不可在附近種植龍柏,避免環境過度潮濕也很重要。

藥劑 在發病初期噴灑菲克利。

蚜蟲類

▶P56

發生時期 4～11月

橘捲葉蚜和長毛角蚜等蚜蟲,群聚在植物上吸汁,導致葉片捲曲、皺縮、變形。也會誘發煤煙病和嵌紋病。

防治法

養成觀察植物的習慣,看到害蟲就撲殺。連葉一併切除,可以一次銷毀大量的幼蟲,提高防治的效率。適度整枝和修剪過於茂密的枝葉,以保持良好的通風。

藥劑 在害蟲一開始出現時噴灑撲滅松,連葉片背面都不要遺漏。

玫瑰

黑星病

▶P40下

發生時期

5～7月、9～11月

玫瑰的常見疾病，症狀是葉片長出有如浸水般的淡褐色和黑紫色病斑，之後逐漸擴大、轉為黃色，然後落葉。病情擴散時，連莖都會枯萎。

・防治法・

盡早清除發病的枝條和葉片，再把落葉清掃乾淨，淨空植株的周圍。澆水時要澆在底部，而不是直接澆在葉片上。

藥劑 發病初期噴灑蘇力菌等；在冒出新芽前噴灑免賴得。

白粉病

▶P28

發生時期 4～11月

葉片、花蕾、新芽像是被撒了麵粉一樣長出白色黴菌，漸漸地整片葉子都會被黴菌覆蓋。新芽發不出來，生長情況也跟著惡化。

・防治法・

盡早切除發病的部分，並連同落葉清掃乾淨。避免密植，定期修剪過於茂密的枝葉，以保持良好的通風與日照。不要添加過量的氮肥。

藥劑 在發病初期噴灑百滅寧。

玫瑰三節葉蜂 ▶P69

發生時期 5～11月

成蟲會在嫩枝製造出傷口以便產卵。綠色的幼蟲會群聚在葉片背面，把葉子啃得一乾二淨，只留下粗粗的葉脈。如果數量很多，植物的狀況會變得非常虛弱。

・防治法・

一年會發生三到四次。平常仔細觀察植物，如果發現幼蟲就立即撲滅。連同葉片一併切除，就能一次銷毀大量的幼蟲，可提高防治的效率。產卵中的成蟲不會移動，很容易捕殺。

藥劑 趁幼蟲還小時，在植物整體噴灑ベニカ×ファインスプレー（台灣無此綜合成分的藥劑，可用百滅寧替代）。

成蟲

產卵痕跡

▶成蟲會在嫩枝製造出傷口，然後在上面產卵，所以隨著枝條的生長，傷口會跟著裂開。傷口可能會成為病原菌入侵的感染處，必須特別注意。

日本豆金龜

▶P63上

發生時期　6～9月

翅膀是茶色的綠色金龜子，會把葉片和花瓣啃出一個個破洞。因為會從周圍各處飛來，是種防不勝防的害蟲。

・防治法・

仔細檢查種植在玫瑰周圍的植物，找出有無受害的部分或害蟲，如果發現成蟲就撲殺。附近若是堆放未熟成堆肥和腐葉土，特別容易發生蟲害，必須多加注意。

藥劑　沒有適用的藥劑。

玫瑰蚜蟲　▶P56　發生時期　4～10月

黃綠色的小蟲子，會成群地依附在新芽、莖、花蕾等處吸汁。尤其以春天冒出新芽時，造成的危害特別明顯，甚至會影響植物的生長。

・防治法・

養成仔細觀察植物的習慣，才能及早發現。一旦發現成群的害蟲就捏死。定期整枝與修剪，以維持良好的通風與日照。另外不可添加過量的氮肥。

藥劑　在蟲害發生初期噴灑ベニカ×ファインスプレー（台灣無此綜合成分的藥劑，可用百滅寧替代），在植株底部施灑毆殺松。

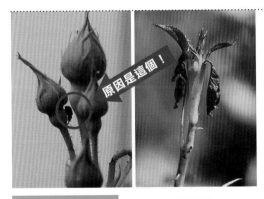

原因是這個！

玫瑰捲葉象鼻蟲　▶P65下　發生時期　4～8月

成蟲不但會蠶食柔軟的新芽和花蕾，還會在上面產卵，造成受損部位枯萎。幼蟲則潛藏在莖部和花蕾中啃食。

・防治法・

只要一搖晃葉片，成蟲就會掉落地面，但千萬注意不要讓牠們逃脫。受損的新芽和花蕾，連同掉在地上的部分一起清理回收。

藥劑　沒有適用的藥劑。

【在搖籃中成長的姬胡麻斑捲葉象鼻蟲】

搖籃

▲在玫瑰葉中打造搖籃的姬胡麻斑捲葉象鼻蟲。

成蟲產卵後，會把葉子整齊的堆疊起來，打造專給幼蟲棲息的搖籃，搖籃同時也是幼蟲的糧食。不過整體造成的損害不大，不會像玫瑰捲葉象鼻蟲一樣造成大規模的危害。

冬青衛茅

白粉病

▶ P28

發生時期 4～11月

葉片像是被撒上麵粉般長出一點一點的黴菌，而且範圍會逐漸擴大到整個葉片。如果症狀嚴重，整棵植株都會被黴菌覆蓋，導致生長不良。

·防治法·

枝葉過於茂密或是周圍有病株時都會使病情擴大。應盡早清除病葉和落葉，並且適度整枝和修剪，以保持良好的通風和日照。

藥劑 一開始只長出薄薄一層黴菌時，在整體噴灑蟎離丹。

山衛茅

中國毛斑蛾

發生時期

4～6月（幼蟲）

一年發生一次。春天孵化的幼蟲會群聚在葉片背面啃食，隨著成長而逐漸移動到下方啃食，很可能把樹木啃得光禿禿。

·防治法·

如果曾出現過，隔年也會再度現身，必須特別注意。春天時要隨時觀察植物，若發現幼蟲就撲滅。連同葉片切除，可以一次銷毀大量的幼蟲，防治的效果較高。

藥劑 沒有適用的藥劑。

松樹

日本松幹
介殼蟲

▶ P59

發生時期

一整年（幼蟲是在4～6月、10～11月）

葉片的根部和樹皮的裂縫長出白色棉狀的小蟲，造成葉片黃化、枯萎。如果災情進一步擴大，除了樹枝枯萎，整體的生長情況也會惡化。

葉片的根部發生損害

樹皮的裂縫發生損害

·防治法·

養成觀察植物的習慣，找出成團的白色棉狀物。幼蟲會潛藏在樹皮底下，能否早期發現是關鍵。受損的葉片和枝條都要盡早切除。

藥劑 在幼蟲出現的時期，於整株噴灑亞滅培。

松材線蟲

▶ P65

發生時期

春～秋（松斑天牛是在5～7月）

在這種體長還不到1mm的線形生物的食害下，葉片會急速發黃，過了夏季後，整體會轉為紅褐色，即使是大型的樹木也會枯萎。

·防治法·

疾病的源頭是枯萎的松枝，應立即砍下來燒毀。松斑天牛會成為松材線蟲孳生的媒介，若發現成蟲也應該捕殺。

藥劑 在松材線蟲和松斑天牛出現之前以及剛出現的時候噴灑亞滅培。

厚皮香

厚皮香捲葉蛾

▶P70上

發生時期 5～10月

幼蟲會在枝頭挑選兩、三片葉子，吐絲築巢，然後躲在裡面啃食葉片。被啃食的葉片會轉為茶褐色，有礙美觀。

防治法

6～7月是蟲害最嚴重的時期。如果發現咖啡色的葉子，就整片切下，連同裡面的幼蟲銷毀。害蟲會化蛹，躲在葉片裡越冬，所以冬天時要將受損的葉片剪除。

藥劑 沒有適合的藥劑。

炭疽病

▶P36上

發生時期 4～10月

葉片先長出黑褐色的圓形病斑，接著破裂、穿孔。每片葉子都會長出好幾個斑點，而且不會馬上掉落，嚴重影響到美觀。

防治法

養成觀察植物的習慣，以便及早發現病害。過於茂密的枝葉必須適度修剪和整枝，以維持良好的通風與日照。

藥劑 在發病初期噴灑ゲッター水懸劑（成分為 Diethofencarb，台灣無此類產品）、菲克利等藥劑。

珍珠繡線菊

角臘介殼蟲

▶P59

發生時期

一整年（幼蟲是在6～7月上旬）

身體表面包覆著蠟狀物質的介殼蟲。外型渾圓，體色為白色，具有角狀突起。平常依附在樹枝上吸汁。如果數量很多，其排泄物會誘發煤煙病。

防治法

養成觀察樹木的習慣，以便及早發現害蟲。一旦找到害蟲就用牙刷等清掉。適度修剪長得過於茂密的枝葉，以保持良好的通風。

藥劑 只在害蟲數量很多時才使用藥劑，以免使其天敵的數量減少。幼蟲孳生時噴灑ボルン（台灣無此產品，可用礦物油替代）。

橘捲葉蚜　▶P56　**發生時期** 4～10月

體色為黃綠色、腳和觸角呈黑色的小蟲，習慣聚集在新梢和新葉吸汁。排泄物具有甜味，會吸引螞蟻前來，也會誘發煤煙病。

防治法

螞蟻為了得到蚜蟲的甘露，會保護牠免於天敵的危害，所以如果看到螞蟻在樹上爬上爬下，表示有蚜蟲存在的機率很高。必須定期修剪枝葉，以免長得過於茂密。

藥劑 害蟲剛開始出現時仔細噴灑撲滅松，連葉片的背面都不可遺漏。

果樹的病蟲害

以下為大家彙整栽培難度較低的家庭果樹。
在享受新鮮水果的收成樂趣之前,必須先掌握常見的病蟲害與解決對策。

【 常見於果樹的病蟲害 】

　　果樹如果感染病原菌,葉片和樹幹會出現病斑;如果遭受蟲害,蝴蝶或蛾的幼蟲會啃食葉片和果實。若發生因病原菌造成葉片皺縮捲曲的症狀,有可能是被寄生於蚜蟲等吸汁式害蟲身上的病毒感染而引起。另外,吸汁式害蟲的排泄物,有時候也會成為誘發煤煙病的感染源。有鑑於此,日常觀察成為很重要的一環。因為仔細觀察,才能確定樹木的衰弱究竟是由疾病或蟲害所造成。為了能及早發現異常,除了確認樹幹和樹枝有無被鑽洞,檢查葉片時連背面也不可遺漏。

防治病蟲害的基本原則是「早期發現、早期防治」,這樣就可以盡情享受收成的樂趣。圖為結實纍纍的蘋果。

梨子如果在花謝後的50~60天套袋,果皮顏色會變得很漂亮。

【 果實套袋能防治病蟲害 】

水果大多是直接生食，因此農藥的噴灑量自然是能省則省。以套袋的方式保護正值生育期的果實，不但能避免害蟲入侵，也能防止病原菌附著。套袋除了防治病蟲害，也可以讓果實免於風吹雨打及日曬之苦，甚至還有提早著色的效果，能夠讓果實呈現美味誘人的色澤。

套袋所使用的袋子是經過特殊加工製成，兼具透氣性和保濕性，而且表面具備防潑水性，能

夠充當果實的「雨衣」。噴灑藥劑於葉片上時，也可以保護果實不會被噴灑到。袋子紙張的厚度與大小等相當多樣，必須依照用途來區分使用。如果選擇不適用果實的袋子，防治病蟲害的效果也會跟著降低，必須特別注意。

假如錯過了套袋的正確時機，就無法達到防治病蟲害的效果。除了確實掌握時間，也一定要將袋口牢牢封住，以免雨水滲入。

套袋的方法

1 撐開袋子，把果實放進正中央。

2 將袋口牢牢封住，用內含的鐵絲確實纏繞在果梗上固定。

1 用防寒紗（或防蟲網）完全覆蓋盆栽，包裹起來。

2 把防寒紗固定在植株底部，以免被風吹走。

無花果

防治法

看到成蟲就立即捕殺，如果在樹幹或樹枝上發現帶木屑的凹洞，就用針將裡頭的幼蟲刺死。連根拔除已成為害蟲居住地的枯枝。

藥劑　把木屑清除乾淨。對準洞穴噴灑百滅寧。

黃星天牛

▶P60

發生時期
7月～隔年4月（幼蟲）、5月下旬～7月（成蟲）

幼蟲會潛入樹枝和樹幹中啃食內部，若數量很多，有時會造成果樹枯萎。成蟲具備長觸角和黃白色斑紋，食害的部位在樹皮。

▲幼蟲又名為「鐵砲蟲」。他們會啃食修剪過的枝葉，也會把它當作棲身之所，所以一發現枯枝時要立刻切除，清理乾淨。

碧蛾蠟蟬　▶P54上　發生時期　5月中旬～9月

有如披著白色棉絮的幼蟲和白綠相間的成蟲，會出現在枝葉和新梢上，吸取汁液。雖然實際造成的損害很小，但有礙植物的美觀。

防治法

不論是成蟲或幼蟲，只要發現一律捕殺。若有棉絮的分泌物，可用牙刷等工具清除。通風不良和日照不足會提高蟲害的發生機率，必須定時修剪過於茂密的枝葉。

藥劑　沒有適用的藥劑。

橄欖

天蛾（絨星天蛾）

發生時期　6～10月

大型綠色毛蟲的尾部呈現角狀突起是一大特徵。不具群聚性，但是食欲相當旺盛，即使只有單獨一隻，葉子也可能被啃食得一乾二淨。

防治法

如果在樹下發現黑色的粒狀糞便，代表有幼蟲存在，因此找到時就立刻捕殺。害蟲會在落葉之間作繭化蛹，所以要把植株底部清理得乾乾淨淨。

藥劑　沒有適用的藥劑。

梅子

黑星病

▶P40下

發生時期　5～7月

果實會先長出黑色斑點，接著出現煤渣般的黴菌。葉片也會長出斑點；嫩枝則會出現紅褐色病斑、老枝會出現灰褐色病斑。

防治法

必須修剪過於茂密的枝葉，以保持通風良好。病原菌會附著在樹枝上的病斑越冬，所以修剪下來的枝葉一定要清理乾淨，周圍也要淨空。

藥劑　發病初期，在全株噴灑ゲッター水懸劑（成分為Diethofencarb，台灣無此類產品）、免賴得等。

潰瘍病

▶P43上

發生時期

2月～結果期

果實表面出現有如滲入墨水的黑褐色病斑，周圍呈現紅紫色，病斑會逐漸凹陷裂開。除了果實，樹枝也會發生病變。

防治法

清除染病的果實和枝條。果實若淋到雨會提高發病機率，所以除了避免讓果實被雨水淋濕，到了冬天也要清理枯枝。

藥劑　發病初期在整體噴灑硫酸快得寧。

蚜蟲類

▶P56

發生時期

4～5月、9月

害蟲密密麻麻地聚集在新梢和葉片背面吸汁，除了妨礙枝葉伸展，其排泄物也會把果實和枝葉弄得黏膩不堪。另外還會誘發煤煙病和嵌紋病。

防治法

能否及時發現是防治的關鍵，一旦發現時就將害蟲群聚的葉子剪除銷毀，才是最有效率的手段。日常管理時要定期修剪過於茂密的枝葉，以保持良好的通風，也不要添加過多氮肥。

藥劑　害蟲剛出現時，噴灑撲滅松、可尼丁等，連葉片背面也不要遺漏。

茶蓑蛾　▶P73上

發生時期　7月～隔年5月（成蟲）

屬於一年發生一次的蛾類蟲害。幼蟲會吐絲線，並收集小樹枝築成直立式的蓑巢，躲在裡面啃食葉片。情況嚴重時連樹枝的皮都會被啃咬。

防治法

只要發現吊在樹枝上的蓑蛾就立刻消滅。正在越冬的蓑蛾比較容易被發現，但是牠們會緊緊依附在樹枝上，需要以剪刀剪除。

藥劑　藥劑不容易發揮作用，所以最好是趁蓑巢還小時，噴灑撲滅松等藥劑。

柿子

落葉病

▶P41

發生時期
8～9月、9～10月

葉片上長出圓形和角狀的病斑，不僅會提早落葉，果實也在尚未成熟前就掉落。又分為好發於夏季的角斑病和發生於秋天的圓斑病。

防治法

病原菌會附著在落葉上越冬，所以務必集中所有的落葉和落果徹底銷毀。生長狀態不良的果樹容易發病，所以施肥和澆水都要適當得宜。

藥劑 在5月下旬～7月上旬噴灑ゲッター水懸劑和チオノックフロアブル等藥劑（前者成分為Diethofencarb、後者成分為Thiuram，台灣無此類產品，可用百克敏、邁克尼替代）。

▲幼蟲會吐絲築成網狀的巢，並隱身其中、啃食葉片，把葉片啃得破爛不堪，導致葉片轉為褐色。變色的病葉請盡早清除。

美國白蛾 ▶P62

發生時期 5月下旬～10月（幼蟲）

幼蟲還小時會聚集在葉片背面啃食葉片，然後隨著成長而獨立行動。當數量很多時，整棵果樹都會被啃得光禿禿，一片葉子也不剩。

防治法

養成觀察植物的習慣很重要，最好在幼蟲尚處於集體行動的時期，將之一網打盡、消滅殆盡。連同枝葉將網狀的巢穴一併切除，是最有效率的方法。

藥劑 在蟲害發生初期，噴灑殿松、可尼丁等。

▲幼蟲長有毒毛，如果被刺到會產生劇痛，捕殺時要特別謹慎。

刺蛾 ▶P57下

發生時期 6～9月

剛從卵中孵化而出的幼蟲群聚在葉片背面啃食，把葉片啃得只剩表皮，造成葉片看起來整片發白。隨著成長會獨立行動，加害範圍會擴及到整片葉子。

◀從秋末到春天這段時間，牠們會隱身在比鵪鶉蛋更小的繭裡度過。因為最容易在冬天落葉時被發現，可以善用這個時候把牠們清除乾淨。

防治法

利用初夏到秋天這段時間，找出集體行動的幼蟲後捕殺。小心避開害蟲身上的毒刺，不可直接用手接觸。冬天時找出樹枝上的繭，用木槌等硬物敲碎。

藥劑 在幼蟲一開始出現時，噴灑撲滅松、蘇力菌。

原因是這個！

捲葉蟲類

▶P70上

發生時期 5～10月

包括捲葉蛾和茶捲葉蛾，兩者的幼蟲都會吐絲、捲起新葉，以兩到三片葉子築巢，隱身其中啃食葉片。

防治法

養成觀察植物的習慣，以便及早發現害蟲的存在。一打開捲起來的葉片，害蟲就會逃走，必須特別留意。如果發現到捲起來的葉片，最好是直接壓扁，除掉裡面的幼蟲。

藥劑 害蟲如果躲在捲起的葉片裡，藥劑便無法發揮作用；只能在害蟲剛開始出現時噴灑馬拉松乳劑等。

栗子

▶板栗癭蜂會在栗子的新芽製造出蟲癭。幼蟲會潛入蟲癭之中，靠著啃食植物成長，最後羽化。切開蟲癭，可以發現到裡面的幼蟲。

幼虫

板栗癭蜂

發生時期 6～7月（成蟲）

症狀是新芽的連接處鼓起，形成紅色的蟲癭。裡面潛藏著好幾隻幼蟲，躲在其中啃食葉片，導致花芽和枝葉無法伸展。害蟲數量太多時，葉片會枯萎。

防治法

切除長癭的枝條。由於害蟲大多寄生在虛弱的樹枝，所以整枝、修剪和施肥等都要做好確實的管理。最好選擇具抵抗力的品種栽培。

藥劑 在成蟲從蟲癭羽化而出的初夏季節，噴灑百滅寧等藥劑。

板栗大蚜

▶P56

發生時期 5～10月

外型類似螞蟻的害蟲，會附著在枝條、新梢和葉片背面吸汁。當數量太多時，新梢會長不出來，苗木則會枯萎。另外還會誘發煤煙病。

防治法

此種害蟲異於其他蚜蟲之處在於牠們是以卵的型態越冬。如果在秋末到冬天時發現黑色卵塊，就立刻搗爛，或者連同枝葉一併剪下銷毀。通風不良會提高發病機率，所以要落實修剪的作業。

藥劑 在蟲害發生初期噴灑オレート液劑（成分為sodium oleate，台灣無此成分的藥劑）。

雙黑目天蠶蛾 ▶P62 **發生時期** 4～6月（幼蟲）

群聚的幼齡幼蟲會集體啃食葉片，到成長後則開始單獨行動，食量也大增。如果害蟲數量很多時，葉片都會被啃光，只留下粗粗的葉脈。

防治法

基本原則是「早期發現、早期防治」。平常就要養成觀察植物的習慣，一旦看到幼蟲就捕殺。在幼蟲尚處於集體行動的時期，能夠一網打盡，將之全部消滅是最有效的方法。

藥劑 在幼蟲剛完成孵化，尚保持群聚性時，噴灑撲滅松、蘇力菌等。

柑橘類

煤煙病

▶P33上

發生時期 一整年

主要症狀是葉片先長出黑點，接著被有如煤渣的黴菌覆蓋，如果置之不理，黴菌會逐漸蔓延。光合作用因此受到阻礙而無法進行，導致生長狀態惡化，也會影響到美觀。

防治法

黴菌的養分來源是蚜蟲和介殼蟲的排泄物，所以想辦法消滅這些害蟲是防治煤煙病的要點。除了盡速清除病葉，也要適度修剪過密的枝葉，以維持良好的通風。

藥劑 沒有適合的藥劑，但可針對蚜蟲等害蟲施藥。

桔刺皮節蜱 **發生時期** 7～9月

小到肉眼看不到的黃色蟎蟲，會吸食葉片和果實的汁液。如果附著在果實上，果實表面的顏色會變成介於灰褐色與茶褐色之間，而且摸起來很粗糙。

防治法

害蟲的繁殖力非常旺盛，再加上體型小到不容易察覺，所以等到發現時，往往已造成嚴重損害。只能盡速摘除受害的新葉和果實，防止災情繼續擴大。

藥劑 發生蟲害時噴灑依殺蟎等。

用手摩擦葉面後會出現紅色痕跡

柑橘葉蟎 ▶P68 **發生時期** 5～11月

微小的紅色蟎蟲會依附在葉片和果實上吸汁。遭受蟲害的葉片，葉綠素會消褪，最後發白、乾枯。果實也無法順利變色，失去美麗的光澤。

防治法

蟎蟲討厭濕氣，喜歡高溫乾燥的環境，所以好發於夏天，必須定期修剪過於茂密的枝葉，以保持良好的通風環境。此外，利用水管的強力水柱能把蟎蟲沖走。

藥劑 在害蟲一開始出現時，噴灑依殺蟎、エアータック乳劑（台灣無此產品，可用礦物油替代）等藥劑。

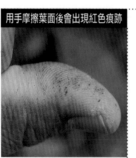

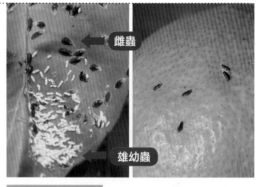

雌蟲

雄幼蟲

箭頭介殼蟲 ▶P59 **發生時期** 5～11月

雌蟲背著紫褐色箭頭狀的外殼，以植物的汁液為食。外殼為白色細長狀的雄蟲，則會群聚在葉片背面。果實會長出許多好像芝麻的黑點。

防治法

只要看到害蟲就用牙刷撢落；如果數量很多，連同樹枝一併切斷銷毀。養成定期修剪的習慣，以免枝葉長得過於茂密，妨礙了通風與日照。

藥劑 初期防治能發揮顯著的效果，可於5月時噴灑布芬淨等適合藥劑。

鳳蝶類 ▶P55上

發生時期 3～10月（幼蟲）

柑橘鳳蝶和黑鳳蝶的幼蟲會啃食葉片。雖然不是集體造成損害，但放任不管的話，葉子還是可能被吃得一乾二淨，果樹也會變得衰弱。

防治法

卵、幼蟲、蛹都是捕殺對象。害蟲的食量會隨著成長而增加，所以能在幼蟲階段時盡早發現，就能降低植物的受損程度。如果有成蟲飛來時，必須留意有無產卵。

藥劑 在幼蟲一開始出現時，在整體噴灑可尼丁。

柑橘鳳蝶

◀卵的直徑大約是1mm，一顆一顆地產在嫩葉和嫩芽上。

◀成齡樹的受害機率很低，被啃得光禿禿的大多是新葉很多的幼齡樹。成蟲可能會飛過來產卵，所以要仔細檢查葉片背面，清除產在上面的卵。

黑鳳蝶

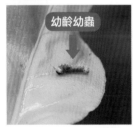

幼齡幼蟲

蛹

▲從卵剛孵化而出的幼蟲，黑茶色的身體帶著白斑，體長僅有數公釐。

成熟幼蟲

成蟲

柑橘潛葉蛾 ▶P71上 **發生時期** 5～11月

幼蟲會潛入新葉中啃食葉肉，在葉片留下繪畫般的啃食痕跡。如果蟲害情形嚴重，葉子會扭曲變形，最後掉落。

防治法

為了把受害範圍降到最小，必須立刻清除受損的葉片。長出新枝葉的時候特別容易發生蟲害，尤其是盛夏時更需要提高警覺。

藥劑 幼蟲一開始出現時，在整體噴灑可尼丁。

李子・黑棗

白粉病

▶P28

發生時期 4～11月

葉片和新芽像是被潑撒麵粉一樣長出白色黴菌,當數量很多時,整片葉子都會被黴菌覆蓋。導致新芽長不出來,生長情況也跟著惡化。

防治法

切除發病的部分後,連同落葉清掃乾淨,避免病情繼續擴大。修剪長得過於茂密的枝葉,以改善通風與日照。

藥劑 在黴菌只長出薄薄一層時,在全株噴灑硫酸快得寧等藥劑。

囊果病　**發生時期** 4～6月

這種疾病通常發生於花謝後的幼果。幼果會像豆莢一樣膨脹,接著被白粉覆蓋,最後發皺、轉為褐色,然後掉落。

防治法

最好是在幼果被白粉完全覆蓋前趁早清除,以免隔年再度發病。修剪過於茂密的枝葉,保持良好的通風環境。

藥劑 若是等到病發後再處理,往往已經太遲,必須在新芽長出前噴灑チオノックフロアブル(成分為Thiuram,台灣無此成分的產品)等藥劑。

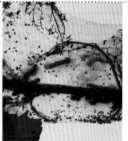

美國白蛾　▶P62

發生時期 5月下旬～10月(幼蟲)

幼齡幼蟲會聚集在由吐絲築成的巢內啃食葉片。原本群聚的幼蟲會隨著成長而個別行動,造成更大的損害,甚至把葉片啃得一乾二淨。

防治法

一年約發生二到三次,所以要養成觀察果樹的習慣,一旦發現幼蟲就捕殺。在害蟲獨自行動之前,若能發現到牠們聚集一起的葉片,並立刻切除回收,就能達到最佳的防治效果。

藥劑 在幼蟲還小的時候噴灑達特南等藥劑。

原因是這個!

蘋果透翅蛾　**發生時期** 3～10月(成蟲是5～9月)

幼蟲會潛藏在樹皮下啃食內部,所以從樹皮的裂縫處會流出暗褐色的糞便和膠狀分泌物。病原菌還會從被啃食的部位入侵,甚至導致果樹枯萎。

防治法

3～5月是蟲害發生的高峰期,可利用糞便和膠狀分泌物做為指標去尋找幼蟲。也可以先清除糞便和膠狀分泌物,再用細針插入孔洞中刺殺害蟲;或者用刀子削掉樹皮,找出害蟲。

藥劑 在休眠期間,先清除害蟲的糞便,再噴灑撲滅松等藥劑。

梨子

赤星病

發生時期 4～5月

葉片表面會先長出橘色的圓形斑紋，接著葉片背面也長出許多毛狀物。症狀嚴重時，會造成葉片掉落，生長情形不良。

防治法

染病時要立刻摘除病葉。在日常管理方面，除了留意不要直接把水澆在葉片上、定期修剪以維持通風良好，不要和會促使徽菌孢子增加的刺柏屬植物混植也很重要。

藥劑 在剛開始發病時，噴灑錳乃浦等。

黑斑病

▶P40下

發生時期 4～11月

幼果上會長出黑色斑點，果實隨著成長而出現龜裂，最後掉落。如果發病於樹枝和葉片，會出現黑褐色的病斑，葉片變得歪斜扭曲。

防治法

高溫季節是疾病的高峰期。必須立刻清除因發病而掉落的果實和葉片。另外也必須定期修剪，以改善通風和日照環境。

藥劑 在疾病發生初期噴灑蓋普丹，並在枝條的病斑上塗抹甲基多保淨藥膏。

← 卵塊

舞毒蛾 ▶P66下 **發生時期** 4～6月（幼蟲）

幼蟲會群聚在一起啃食葉片。因為牠們會頭朝下分開行動，還有吐絲的習性，所以別名「鞦韆毛蟲」。除了葉片，牠們也會啃咬幼果。

防治法

在春季到初夏這段時間找出幼蟲撲滅，若找到群聚在葉片上的害蟲，將整個葉片切除，能達到較高的防治效率。冬天如果發現正在越冬的卵塊，就用竹籤等尖銳物戳碎。

藥劑 在蟲害發生初期噴灑蘇力菌、撲滅松等藥劑。

梨綠蚜

▶P56

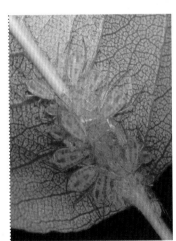

發生時期 5～9月

淡綠色的大隻梨綠蚜會沿著葉脈聚集、吸取汁液。繁殖期在初夏到盛夏間，容易導致葉片變黃、掉落。

防治法

防治做法是一看到害蟲就捏碎，若發現群聚在葉片上的害蟲，就將整個葉片切除，最為省力。吸食枇杷和厚葉石斑木的是有翅膀的個體，大約在5月時就要留意是否有害蟲靠近。

藥劑 在蟲害發生初期仔細噴灑撲滅松，連葉片的背面也不可遺漏，以確保對害蟲能發揮作用。

葡萄

黑痘病

▶P40下

發生時期 4～7月

黑痘病是葡萄的常見疾病，症狀是嫩葉和果實長出黑褐色的斑點，斑點會逐漸變大，出現凹陷的小洞，有時甚至無法採收。

防治法

嫩藤和捲曲的藤鬚也會長出病斑。應盡早清除發病的部分，再連同因發病而掉落的葉片和果實回收。修剪過於茂密的枝葉，以保持良好的通風。

藥劑　冬季的休眠期和生長期間，在全株噴灑免賴得等藥劑。

晚腐病

▶P40下

發生時期 5～7月

大多發病於果實成熟變色時，症狀是出現紅褐色的圓形病斑，最後腐爛。果實會出現黑點和分泌出鮭魚色的黏液，在梅雨季的影響下症狀會加劇。

防治法

除了發病的果實，須連同長出病果的樹枝一起切除。修剪過於茂密的枝條，以維持良好的通風和採光。果實也需要套袋，以免被雨水淋溼。

藥劑　在發芽前的休眠期和落花之後、幼果期，噴灑甲基多保淨等藥劑。

原因是這個！

赤腳銅金龜　▶P63上　發生時期 7～9月

不斷飛來的成蟲集體將葉片啃食殆盡，最後只留下葉脈。受害的葉片會被啃出許多小洞，如果聚集的數量太多，有可能連果實都無法食用。

防治法

屬於夜行性害蟲，大多在傍晚和清晨飛來，而白天幾乎都在啃食葉片，不會到處飛行。可利用白天的時候搖晃果樹，如果看到害蟲掉下來就立刻捕殺。此外，為了避免果實受害，必須替果實套袋。

藥劑　在蟲害剛開始發生的5月下旬～6月中旬，噴灑百滅寧等藥劑。

【這些晶瑩剔透的小珠子是什麼？】

▲泌液現象不是疾病。

新枝伸展後，會長出一顆顆圓圓的顆粒，看起來像蟲卵，其實這是「泌液現象」後的結晶。好發於樹木的生長處於旺盛狀態、高溫和潮濕的時候，所以不是所有葡萄樹都會長。這不是疾病也非蟲害，而是樹液凝固而成，對生長不會產生負面影響。

桃子

褐腐病

▶P39下

發生時期 3～10月

大多發病於收成期的果實，症狀是果實長出淡褐色的圓形病斑，接著長出灰色黴菌，逐漸軟化腐爛。如果在開花期發病，花朵也會腐爛。

防治法

已經發病的果實如果留在枝頭上，便會成為感染源，所以必須立刻清除；自然掉落的果實和腐爛的花梗也必須清除乾淨。適度修剪過於茂密的枝葉。

藥劑 疾病發生時噴灑蘇力菌、菲克利等藥劑。

縮葉病

▶P32

發生時期 4～5月

症狀是剛長出的嫩葉有如被燙傷般膨脹起來，並轉為粉紅色或黃綠色，而且捲曲萎縮，最後發黑枯萎。

防治法

只要發現捲曲的病葉，必須立刻清除，因發病而掉落的葉片也要一併清理乾淨。定期修剪過於茂密的枝葉，以保持良好的通風與日照。

藥劑 為了盡可能降低損害，在抽芽前噴灑蓋普丹。

蘋果

炭疽病

▶P36上

發生時期 4～11月

果實長出茶褐色的圓形斑點，呈凹陷狀，果肉則會腐爛。葉片出現黑褐色的病斑，病斑的中心會長出黑色顆粒，最後枯萎。

防治法

摘除發病的果實和葉片，並將落葉集中後清除乾淨。修剪過於茂密的枝葉，以保持良好的通風與日照。也須將果實套袋，以免淋到雨水。

藥劑 在疾病發生初期噴灑蓋普丹。

蘋掌舟蛾

▶P62

發生時期

7月下旬～9月

群聚在葉片背面的幼蟲會將葉片啃食到只剩下葉脈。紅褐色的幼蟲長大後會轉為黑褐色，而且分散行動，造成更大的損害。

防治法

連同葉片，將成群的幼蟲銷毀。8月中旬～9月上旬是受害程度最嚴重的時期，最好在7月左右成蟲產卵時，先找出卵塊銷毀，以降低損害。

藥劑 在害蟲剛出現時噴灑百滅寧等藥劑，連葉片背面的幼蟲也不要遺漏。

草花・觀葉植物・蘭花的病蟲害

為了讓草花、觀葉植物和洋蘭等隨著四季的更迭，開出各種賞心悅目的花朵，以下為大家介紹常見的幾種病蟲害，請務必多加留意。

【 常見於草花・觀葉植物・蘭花的病蟲害 】

草花的常見病蟲害，包括葉片和新芽受到黴菌等病原菌感染、葉片和花朵被蛾或蝴蝶的幼蟲啃食，以及被蚜蟲等吸汁式害蟲寄生。吸汁式害蟲會成為病毒的媒介，誘發嵌紋病等傳染病，所以養成檢查植物的習慣很重要，尤其是葉片背面不可遺漏。

每一種草花對日照、通風等環境需求各有不同，請配合植物的需求調整。和其他類型的植物一樣，「早期發現、早期防治」是遠離病蟲害的不二法門。

觀葉植物和蘭花類，大多生長在室內或半日照的環境下，所以容易被蚜蟲、葉蟎、粉蝨等吸汁式害蟲寄生。天氣晴朗時，如果把原本放在室內的觀葉植物和蘭花擺到戶外，強烈的日曬可能會引起日燒症。日燒症雖然不是疾病，但是受損的部分有時候也會引發疾病，必須多加注意。

花開後，要勤加摘除花梗。

讓每一種草花在合適的環境下生長很重要。夏季時的花圃便能顯得生意盎然。

【 在合適的栽培環境下培育草花 】

目前在市面上流通的大多數草花植物，幾乎都經過人工改良，以便達到容易開花、即使淋雨也不會傷及花瓣等各種目的。人工改良品種雖然對病蟲害具備較強的抵抗力，但也絕非百毒不侵。如果是不耐寒的品種，必須提早搬移到室內，或者加上防寒罩，讓植物順利越冬。相反

的，如果種植不耐悶熱的植物，必須加強遮光措施，或者搬移到半日照的場所。

除此之外，花謝後，如果不徹底清理花梗和枯葉，會提高罹患灰黴病的機率，所以一定要勤加摘除。適時適量的澆水與施肥，才能讓植物順利生長。

因霜害而導致虛弱的植株，到了春天遭受病蟲害侵襲的機率會跟著提高。雖然覆蓋隧道式塑膠棚是幫助植物越冬的必要措施，但是到了白天必須半掀起塑膠棚，以免植物被悶壞。

觀葉植物大多是放置於室內，時常對著葉片噴水，能夠預防害蟲侵襲。

將肥料的比例控制得宜，不但有助植物生長，也能夠降低病蟲害的發生機率。

蘇丹鳳仙花

茶細蟎

▶P72

發生時期 7～10月

成蟲和幼蟲會依附在新芽或新葉等柔軟的部分吸汁，造成生長點受損以及葉片萎縮等生長障礙，甚至導致無法開花。

·防治法·

大多發生在高溫期間，所以除了避免密植，也需要適當修剪枝葉，以保持環境涼爽。購買苗株前，記得確認新葉和新芽有無異常。

藥劑 在害蟲剛開始出現時，為了避免周圍的植株也受到蟲害，可以噴灑蟎離丹。

柑橘黃薊馬 ▶P55下 **發生時期** 5～10月

帶有翅膀的害蟲，體型微小。成蟲和幼蟲都會對新葉和花帶來危害，特徵是花瓣會褪色，出現白色的紋路；葉子也會褪色，並長出褐色的斑點。

·防治法·

市售的苗株可能已經有害蟲寄生，所以購買前一定要確認清楚。病變部分和花梗要馬上清理乾淨。因為害蟲可能從雜草移動到其他地方，所以周邊的雜草也必須清除。

藥劑 在害蟲剛開始出現時，噴灑殿殺松、馬拉松乳劑等藥劑。

茴香・蒔蘿

黃鳳蝶

▶P55上

發生時期 4～10月

幼蟲會啃食葉片，以繖型花科植物為食。而且隨著成長，害蟲的食量也會增加，一旦輕忽，整片葉子都會被啃得一絲不剩，只留下葉脈。

·防治法·

有成蟲飛來時要特別注意，只要發現幼蟲就捕殺。尤其在幼蟲長出綠黑條紋之前，大約只有鳥糞大小時清除，才能有效降低植物的受損程度。

藥劑 藥劑對已經成長的幼蟲無法發揮作用，必須在一開始噴灑蘇力菌等。

天藍繡球

白粉病

▶P28

發生時期 4～11月

葉片和新芽像是被潑撒麵粉一樣長出白色黴菌，如果孳生的數量很多，整片葉子都會被黴菌覆蓋。黴菌的存在會妨礙光合作用進行，導致生長情形惡化。

·防治法·

好發於涼爽乾燥的初夏和秋季。針對被黴菌感染的植株，從底部進行摘除，落葉也必須立刻清除。此外，避免密植，並保持良好的通風與日照。

藥劑 在黴菌只長出薄薄一層的初期，於整體噴灑四氯異苯腈等藥劑。

康乃馨

黑守瓜

▶P70下

發生時期 4～5月、7～8月

成蟲的頭部和腹部呈橘色、背部則是亮黑色，會啃食新芽、葉片、花朵。害蟲會不斷飛來，有時甚至會把花吃得一乾二淨。

防治法

鋪設防蟲網，以防成蟲靠近。清晨時牠們的動作較為遲緩，可多利用這個時段捕殺。和瓜科植物混植會提高蟲害機率，所以附近不可栽種瓜科植物。

藥劑 蟲害發生初期，在整體噴灑撲滅松等。

大丁草

白粉病

▶P28

發生時期 4～10月

葉片長出薄薄一層白色的黴菌，最後像被撒上麵粉般擴大到整個葉面。如果病情持續蔓延，花、新芽、花莖等處都會發病。

防治法

染病時立刻切除病葉。莖葉過於茂密會提高發病機率，所以要適度修剪，保持通風良好，以免植株底部過於悶熱。

藥劑 發病初期在整體噴灑四氯異苯腈、菲克利等。

灰黴病 ▶P39上 **發生時期** 4～11月

好發於梅雨期。葉片、葉炳、花莖等處會出現浸水般的病斑，接著長出灰色和灰褐色的黴菌，之後整體都會被黴菌覆蓋，並且腐爛。

防治法

立刻清除發病的部分，以免病情持續擴大；花梗和枯葉也要一併清除乾淨。保持良好的通風與日照；不要從植株上方直接澆水，而是澆在底部。

藥劑 發病初期噴灑蓋普丹、甲基多保淨等藥劑。

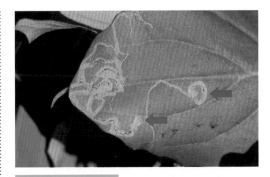

非洲菊斑潛蠅 ▶P71下 **發生時期** 6～11月

幼蟲會潛入葉肉中啃食，把內部啃食成隧道狀，並留下白色的線痕，不僅妨礙美觀，如果數量太多時也會導致葉片枯萎。

防治法

循著白色線痕的前端尋找幼蟲，一發現時就用手指捏碎；另外可利用捕蠅紙誘捕成蟲。購買市售的苗株時，記得不要挑選已出現白色線痕的苗株。

藥劑 蟲害發生初期，在全株噴灑賽達安、氟芬隆等藥劑。

桔梗

黑守瓜

▶P70下

發生時期
4～5月、7～8月

頭部和腹部呈橘色、背部是黑色的成蟲會啃食葉和花，牠們會不斷聚集過來，對植物造成莫大的損害。幼蟲則會加害根部。

防治法

最大的棘手之處在於防治飛來的成蟲。在氣溫較低的清晨時段，牠們的動作會變得比較遲緩，可利用這段時間捕殺。此類害蟲偏好瓜科植物，所以不可和瓜科植物混植。

藥劑　蟲害發生初期，在整體噴灑撲滅松。

菊花

光褐菊蚜

▶P56

發生時期　4～9月

紅褐色的小蟲以倒立的姿勢密密麻麻地聚集在嫩葉、葉片背面、花莖等處，吸取植物的汁液。除了妨礙植物的生長，也會誘發煤煙病。

防治法

養成觀察植物的習慣，只要看到害蟲就捕殺。若發現群聚的害蟲，直接將牠們棲息的葉片切除，防治的效率較高。除了避免密植，氮肥的添加量也要控制得宜。

藥劑　蟲害發生初期，噴灑撲滅松等藥劑，或在植株底部施用殿殺松。

菊虎　▶P60

發生時期　4月下旬～5月(成蟲)、5月～隔年3月(幼蟲)

成蟲會啃食莖部，並且在上面產卵，造成受害的莖部枯萎。於莖部上孵化而成的幼蟲會啃食內部，有時也會導致植株枯萎。

防治法

只要看到成蟲就立即消滅。因為產卵而受損的部位，從偏下方的莖部位置切除，連同裡面的蟲卵銷毀。在成蟲飛來的期間，以防寒紗覆蓋植株。

藥劑　沒有適用的藥劑。

原因是這個！

在上下部位造成的傷口

◀菊虎加害的對象是菊科的草花和野草。由於牠們的入侵，新芽有可能急速枯萎。成蟲的模樣是黑色體色搭配紅褐色斑紋。

◀植株上被產卵部位的上下處會受到損害。清除蟲卵的做法，是從下面傷口再稍微往下之處，把莖橫向切開，就能找到微小的黃色蟲卵。

聖誕玫瑰

嵌紋病

▶P49

發生時期 一整年

病毒感染所引起的疾病。花瓣和葉片會出現濃淡不一的色澤，葉片上的不規則紋路如同馬賽克狀。植株整體的發育會惡化。

防治法

發病後幾乎無法治療，只能拔除病株銷毀，根本之道是防治做為病毒媒介的蚜蟲。觸碰過病株的用具和手都要記得消毒。

藥劑　沒有適用的藥劑。蚜蟲出現時可在整體噴灑撲滅松。

病毒病（Helleborus net necrosis virus）

發生時期 10～12月上旬、2～5月

到了秋天，有如柏油的黑色條狀斑紋會沿著新葉的葉脈長出，最後遍布全葉，葉片也會變得扭曲。如果是在春天發病，花和花蕾也會出現黑斑。

防治法

由病毒感染的疾病，必須立即拔除病株，而且接觸過病株的手和剪刀都要消毒。病毒的媒介是蚜蟲等害蟲，勤加除草可以降低害蟲繁殖的機會。

藥劑　沒有適用的藥劑。

蟹爪蘭

仙人掌盾介殼蟲

▶P59

發生時期 一整年

體長約1～2mm的白色貝殼狀小蟲，會群聚在葉片上吸汁。數量很多時，整片葉子都會被覆蓋，植株的發育也會惡化、枯萎。

灰黴病　▶P39上　**發生時期** 4～11月

葉和莖出現宛如浸水般的病斑，而且會逐漸擴散，最後長出灰色黴菌，然後腐爛。症狀嚴重時，植株的生長會逐漸惡化、枯萎。

防治法

盡速清除發病的花、莖葉和枯葉，以防疫情擴大。除了避免密植，日常管理時需留意保持良好的通風與日照，澆水則要澆在植物底部。

藥劑　趁病斑的範圍還小時，噴灑サンヨール和ゲッター水懸劑（前者成分為Dbedc，後者成分為Diethofencarb，台灣無此兩種藥劑）。

防治法

發現害蟲時立刻用牙刷揮落，或者連同寄生的葉片切除。購買盆栽前記得確認有無害蟲附著。

藥劑　沒有適用的藥劑。

仙客來

灰黴病

▶P39上

發生時期

10月~隔年5月

葉片出現宛如浸水般的小斑點，之後逐漸擴散；嚴重者會長出灰色黴菌，底部腐爛。花瓣也會長出小斑點，並逐漸腐爛。

防治法

立刻摘除發病的葉梗和花。日照與通風不足會提高發病的機率，所以除了改善日照與通風，也不可以一次添加過多的氮肥。

藥劑 趁一開始發病，病斑還小的時候，在整體噴灑サンヨール和ゲッター水懸劑（前者成分為Dbedc，後者成分為Diethofencarb，台灣無此兩種藥劑）。

炭疽病

▶P36上

發生時期 4~11月

葉片上出現周圍呈褐色但內側是灰白色的圓形凹陷病斑。不久之後，病斑中心會出現小黑點，葉片則枯萎。

防治法

早期發現是防治的關鍵，只要發現病葉和落葉，一定要立刻清除。改善通風與日照環境；澆水時要澆在植物底部，莖葉部分不要潑到水。

藥劑 發病初期噴灑甲基多保淨、免賴得等藥劑。

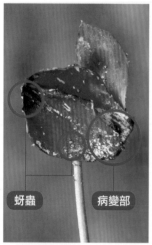

蚜蟲 **病變部**

嵌紋病

▶P49

發生時期 一整年

屬於病毒感染的疾病，花瓣會出現斑紋，也會變小、變畸形。葉片出現馬賽克狀的不規則紋路，色澤變得濃淡不均。

防治法

連同球根，拔除發病的植株；接觸過病株的手和使用過的剪刀都要消毒。病毒的主要媒介是蚜蟲，所以要做好防治蚜蟲的工作。

藥劑 沒有適用的藥劑。蚜蟲孳生時在整體噴灑撲滅松等藥劑。

葉蟎類 ▶P68 **發生時期** 5~11月

黃綠色和暗褐色的小蟲群聚在葉片背面吸汁，吸食的痕跡看起來就像白色和褐色的斑點。如果受損程度加劇，整片葉子都會發白。

防治法

蚜蟲討厭潮濕，而喜歡高溫乾燥的環境，所以如果把植物長期放置在乾燥的室內，只會讓蚜蟲繼續增加。時常在葉片上灑水可以防止蚜蟲孳生，如果數量很多時，就連同葉片一併切除。

藥劑 在初期噴灑依殺蟎或ベニカマイルドスプレー（台灣無此產品，可用糖醋精替代）等藥劑。

瓜葉菊

葉蟎類

▶P68

發生時期 5～11月

黃綠色和暗褐色的小蟲群聚在葉片背面吸汁，造成葉片表面的綠色褪色，出現一條條白色紋路。如果數量很多，花朵的數量也會減少。

⌐ 防治法 ¬

購買時選擇沒有病蟲害的盆花。如果有數個盆栽，盆栽之間要保持適當的間距，以利通風。葉蟎討厭潮濕的環境，所以放在室內的盆栽要不時移到室外，並在葉片灑水。

藥劑　在害蟲剛開始出現時，噴灑依殺蟎或ベニカマイルドスプレー（台灣無此產品，可用糖醋精替代）等藥劑。

潛葉蠅 ▶P71下 **發生時期** 4～11月

幼蟲會潛入葉肉中，把內部啃食成隧道狀，而且留下蛇行後的白色線痕。如果孳生數量很多，不但影響植物美觀，葉片也會枯萎。

⌐ 防治法 ¬

養成觀察植物的習慣，才能及時發現。一旦發現白色線痕，立刻循線找出幼蟲和蛹，然後捏碎。如果數量很多，就連同整片葉子切除銷毀。

藥劑　在害蟲剛開始出現時，在整體噴灑達特南、賽速安等藥劑。

草皮

象腳印病 （Rhizoctonia patch）

發生時期

5～7月、9～11月

主要發生在梅雨季和秋天，往往是因懈怠於修剪草皮而引起。症狀是出現淺褐色的圓形病斑，草皮會枯萎，不過，僅是表面受害。

【編註】在草皮管理上，台灣常見的「褐斑病」、「絲核菌立枯病」等病害名稱，是由「Rhizoctonia solani」此種真菌引起，與此處略有差異。

⌐ 防治法 ¬

草皮需按時修剪，修剪下來的雜草要集中回收，不要留在草皮內。改善排水和通風，並且適量施肥。

藥劑　發病初期噴灑滅普寧、依普同等。

草皮夜盜蛾 ▶P74 **發生時期** 5～10月

幼蟲會啃食葉片，造成葉尖發白。屬於夜行性害蟲，白天大多潛伏在土中，如果太晚發現，會造成龐大的損害。

⌐ 防治法 ¬

提高修剪的頻率，盡量把草皮剪短，就幾乎不會有害蟲出現。如果發生蟲害，請在周圍尋找，捕殺找到的幼蟲。

藥劑　幼蟲出現時，為了避免損害擴大，噴灑撲滅松，使藥效滲入土壤中。

紫羅蘭

嵌紋病

▶P49

發生時期

4～5月、9～11月

花瓣上會出現絲狀斑紋，變得捲曲萎縮，花形走樣，且全株矮化。葉片出現馬賽克狀的不規則紋路，色澤變得濃淡不均。

防治法

立刻拔除病株回收，接觸過病株的手和使用過的用具也要消毒。病毒主要的媒介是蚜蟲，所以消除蚜蟲和清除周邊的雜草是重要關鍵。

藥劑　沒有適用的藥劑。蚜蟲出現時，噴灑撲滅松、賽速安等。

大麗菊

葉腐病

發生時期　7～11月

部分葉片轉為褐色，像是泡過水一樣。病斑會逐漸擴大到整片葉子，最後造成葉片腐爛。如果濕氣太高，莖部會被白色至褐色間的菌絲纏繞。

防治法

將發病的葉片和莖剪除銷毀。因為日照不良的環境會提高發病機率，尤其枝葉交纏時，到了秋天以後，受害程度會不斷擴大，所以須避免密植，以保持通風與日照良好。

藥劑　沒有適用的藥劑。

黃化捲葉病　　**發生時期**　6～9月

主要的發病部位是新葉，症狀是葉片邊緣出現黃化，往內側一路捲曲，頂部變得皺巴巴、萎縮成一團。新芽也無法冒出，沒辦法正常發育。

防治法

染病的葉片必須連同塊莖拔除回收，以防感染到周圍的植株。病因是番茄黃化捲葉病毒，所以不要把植物種在番茄附近。勤加除草，保持周圍環境清潔也很重要。

藥劑　屬於病毒感染性疾病，沒有防治的藥劑。

入侵口

蝠蛾科　　**發生時期**　4～5月(幼蟲)、9～10月(成蟲)

蛾的幼蟲從地面部分的莖入侵，把內部啃食成隧道狀，莖會倒塌枯萎。而且害蟲會用絲裹住糞便，用來堵住入侵口。

防治法

看到袋狀的糞便立刻清除，並用細針戳入小洞，刺殺裡面的幼蟲。清除雜草，保持周圍環境的整潔，讓幼齡幼蟲沒有棲身之所。

藥劑　4～5月時在植株及其周圍噴灑撲滅松；從莖部的小洞注入撲滅松以殺死幼蟲。

天竺葵

原因是這個！

淡茶夜蛾 ▶P74

發生時期 4～5月（幼蟲）、10～11月（成蟲）

一年發生一次。此種夜蛾的體長約4cm，綠底白紋的幼蟲會在葉片啃出許多小洞。而且食量很大，葉片會被啃得破破爛爛的。

防治法

必須養成檢查植物的習慣，觀察葉片有無出現破洞。如果發現黑色糞便，立刻找出幼蟲捕殺。幼蟲的體色和葉色非常類似，小心不要看漏。

藥劑 幼蟲剛出現時，在整體噴灑或在植株底部施用毆殺松。

非洲紫羅蘭

粉介殼蟲 ▶P59

發生時期 一整年

被一層白色蠟狀物質包覆的橢圓形小蟲，有兩個長條狀突起物，會移動到各處吸汁。除了妨礙植物美觀，也會誘發煤煙病。

防治法

必須養成檢查植物的習慣，一旦發現害蟲立刻捕殺。購買盆花時，也需仔細確認有無長蟲。盆栽間宜保持適當的間隔，以促進通風。

藥劑 噴灑可尼丁等藥劑，可消滅尚未包覆著白色蠟狀物質的幼齡幼蟲。

鬱金香

嵌紋病 ▶P49

發生時期 4～5月

發病頻率很高的疾病。花瓣會出現絲狀斑紋，且顯得濃淡不均。葉片也會出現不規則紋路，全株的生長情況變得惡化。

防治法

病株需連同球根一併挖起來回收；接觸到病株的手以及用具都要消毒。除了消滅會成為病毒媒介的蚜蟲，也要挑選強健的球根栽培。

藥劑 沒有適用的藥劑。蚜蟲發生時，可在植株底部施用賽速安。

綿蚜 ▶P56

發生時期

12月～隔年5月

深綠色和黑色的小蟲，會群聚在葉片背面和葉柄吸汁。雖然不至於造成直接的損害，但是他們在吸汁時會成為病毒的媒介，進而誘發疾病。

防治法

不可一次添加過量的氮肥。因為蚜蟲討厭會發光的物體，如果是盆栽，可以在植株底部鋪上鋁箔紙。只要發現害蟲就立刻撲殺。

藥劑 蚜蟲剛出現時，在全株噴灑ベニカ×ファイン・スプレー（台灣無此綜合成分的藥劑，可用百滅寧替代），或是在植株底部施用賽速安。

馬鞭草

白粉病

▶P28

發生時期 4～10月

葉片像是被撒了麵粉般長出白色黴菌，最後整株都會被黴菌覆蓋。病原菌會隨著有如白色粉末的孢子擴散。

防治法

莖葉過於茂密、周圍有病株尚未拔除，都會增加發病的機率。除了清除發病部分，也應適度摘芯，以保持良好的通風與日照。氮肥也要適量添加。

藥劑 一開始只長出薄薄一層白色黴菌時，在整體噴灑菲克利等藥劑。

葉牡丹

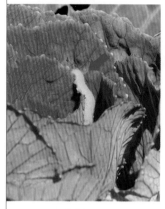

紋白蝶

▶P54下

發生時期

9～11月（幼蟲）

幼蟲會啃食葉片，並在上面啃出許多破洞。因為食量會隨著成長而增加，如果置之不理，葉片會被啃得只剩下葉脈，失去觀賞價值。

防治法

要留意有無成蟲飛來，覆蓋防寒紗可以防止成蟲靠近。如果有葉片被啃出小洞和出現糞便時，仔細檢查葉片背面，一旦發現卵、幼蟲、蛹，立刻銷毀。

藥劑 在害蟲剛出現時，於整體噴灑邁克尼，或在植株底部施用賽速安。

櫻草

灰黴病 ▶P39上 發生時期 4～5月

葉片和底部出現有如浸水般的病斑，逐漸發霉、腐爛。若是在開花期發病，花瓣會褪色，整朵花都會腐爛。

防治法

立刻清除發病的花和葉，容易沾附病菌的花梗和枯葉也要勤加清理。除了保持良好的通風與日照，也盡量維持環境乾燥。澆水時要澆在植物底部。

藥劑 疾病剛發生時，在全株噴灑ベニカ×ファインスプレー（台灣無此綜合成分的藥劑，可用百滅寧替代）或ゲッター水懸劑（成分為Diethofencarb，台灣無此類產品）等。

秋海棠

白粉病

▶P28

發生時期 4～11月

起初葉片上長出圓形的微小白色黴菌，接著黴菌會逐漸擴大到長滿整個葉片，出現有如被撒上白粉的模樣。放置不管的話，受害程度會持續擴大。

防治法

黴菌的孢子會隨風擴散，所以立刻清除發病部分很重要。植株間以及盆栽間都要保持充分的間隔，以維持良好的日照與通風。

藥劑 一開始只長出薄薄一層白色黴菌時，在整體噴灑ベニカ×ファインスプレー（台灣無此綜合成分的藥劑，可用百滅寧替代）等藥劑。

圓三色菫·三色菫

灰黴病

▶P39上

發生時期 4～6月

好發於雨下不停的時節。花瓣會出現有如浸水般的褐色斑點，而且逐漸被灰色黴菌覆蓋，最後腐爛。葉片和莖部也會發病。

防治法

立刻摘除發病的葉和花，以阻止病情繼續擴大。植株間保持適當的間隔，維持良好的通風和日照。日常除了勤加摘除花梗和枯葉外，澆水時記得要澆在植株底部。

藥劑　發病初期，在整體噴灑サンヨール液劑或ゲッター水懸劑（前者成分為Dbedc，後者成分為Diethofencarb，台灣無此兩類產品）。

原因是這個！

瓦倫西亞列蛞蝓

▶P67上　**發生時期** 4～6月、9～11月

屬於外來種的蛞蝓。通常是在夜間活動，白天則潛伏在花盆底下和石頭下。會把花蕾、花和葉片咬出許多小洞，嚴重影響到植物的美觀。

防治法

蛞蝓喜好潮濕處，所以在落葉底下和潮濕處等發現的機率較大。晚上八點以後是牠們出沒的時段，利用此時出擊，捕殺機率較高。植株底部要整理乾淨，以免成為牠們的藏身之所。

藥劑　選在沒有下雨的傍晚時間，在植株周圍施撒聚乙醛或燐酸第二鐵粒劑等誘發性殺蟲劑。

▲一年會發生四到五次，從春天到秋末都看得到成蟲的蹤影。

斐豹蛺蝶 ▶P62 **發生時期** 4～11月

幼蟲的體長約3～4cm，黑色的體色帶有一條紅色紋路。一邊移動一邊啃食葉子，除了圓三色菫、三色菫，也以其他菫菜科的植物為食。

防治法

趁植株還沒被啃光前，捕殺找到的幼蟲。定植後在植株上覆蓋防蟲網，以防成蟲飛來產卵。如果發現有成蟲靠近，要仔細檢查葉片的狀態。

藥劑　沒有適用的藥劑，可利用對鱗翅目幼蟲能發揮效用的氖大滅。

萱草

黃花粉蚜

▶P56

發生時期 5～11月

身體覆蓋著一層白色蠟狀物質的大型蚜蟲，會群聚在花蕾、莖和葉片吸取汁液，不但導致植物的生長衰退，也會誘發煤煙病。

防治法

牠們繁殖的速度很快，所以必須養成檢查植物的習慣，才能及時發現。若發現群聚的害蟲，就連同棲息的葉片一併切除，防治的效率比較高。另外不可添加過多氮肥。

藥劑　蚜蟲剛出現時，在全株噴灑ベニカ×ファインスプレー（台灣無此綜合成分的藥劑，可用百滅寧替代），或是在植株底部施用賽速安。

景天科・圓扇八寶

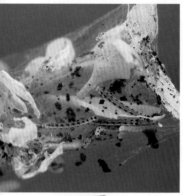

巢蛾

發生時期 4～7月

牠們會像蜘蛛一樣吐絲築巢，群聚的幼蟲就躲在巢裡蠶食葉片，最後整棵植株都會被白絲覆蓋，等到發現時，往往葉片已被啃得一乾二淨。

防治法

關鍵是及早發現，所以平常要養成觀察植物的習慣，只要發現幼蟲就趕盡殺絕。幼蟲具有群聚性，所以如果連巢一併清除，防治成效更高。平常要勤加除草，並保持植株底部的清潔。

藥劑 沒有適用的藥劑。害蟲剛出現時，在植株周圍施用賽達安。

小杜鵑

琉璃蛺蝶

▶P62

發生時期

6～8月、10月

幼蟲的身體有刺狀突起，會依附在葉片背面啃食，度過整個幼蟲期。到了夏天，食量大增，整棵植物都會被啃光，只留下莖。

防治法

趁植株還沒被啃光前，設法捕殺找到的幼蟲。在植株上覆蓋防蟲網，以防成蟲飛過來產卵。

藥劑 沒有適用的藥劑，可利用對鱗翅目幼蟲能發揮效用的氟大滅。

鳳仙花

白粉病

▶P28

發生時期 6～10月

葉片像是被撒麵粉般長出黴菌，而且黴菌的範圍會逐漸擴大到整個葉片，如果症狀嚴重時，葉片會枯萎。開花期的花也會受到感染，整體發白。

防治法

當周圍有病株時，會使病情擴大，所以為了避免傳染，必須盡早清除發病的部分。避免密植，以保持良好的通風和日照，氮肥的添加也要控制得宜。

藥劑 發病初期，在整體噴灑サンヨール（成分為Dbedc，台灣無此種藥劑）或蟎離丹。

雙線條紋天蛾　**發生時期** 6～10月

幼蟲長大後，啃食的葉片分量變得很驚人。成長的速度快，即使單獨一隻也能啃光葉子，只留下莖。

防治法

此類毛蟲的背部有白紋、側面則是有如眼睛的斑紋。防治的關鍵是早期發現，所以巡視葉片背面時，只要發現幼蟲就捕殺。大顆的黑色糞便也是判斷的有利指標。

藥劑 沒有適用的藥劑，可利用對鱗翅目幼蟲能發揮效用的氟大滅。

矢車菊

白絹病

▶P33下

發生時期 5～8月

和地表接觸的部分會長出浸水般的斑點，並轉為褐色。葉片先枯萎，最後整株倒伏、腐爛。莖接觸地表的部分和周圍地面長出有如絹絲的黴菌。

防治法

如果發現病株，立刻連同周邊的土壤掘起回收。避免密植與連續栽作，保持良好的通風與排水；並且使用完熟堆肥。

藥劑 發病初期，把福多寧噴灑在植株與其周圍的土壤，使藥劑滲透進去。

百合

病毒病

▶P48

發生時期 4～9月

對百合而言是非常棘手的疾病。葉片會出現色澤濃淡不一的斑紋，有如嵌紋病的症狀，也會捲曲、萎縮，生長情況逐漸惡化。

防治法

病毒的媒介是蚜蟲，所以利用覆蓋防蟲網以防止害蟲飛來，便能降低染病機率。因為病毒會殘留在土壤中，清除病株時，要連同球根和周圍的土壤一併挖起來回收。

藥劑 沒有適用的藥劑。蚜蟲出現時，噴灑ベストガード水溶劑（成分為Nitenpyram，台灣無此種藥劑）等。

隆頂負泥蟲 ▶P70下

發生時期 5～6月

成蟲也會蠶食植物，不過危害最大的還是三五成群的幼蟲，牠們會裹著糞便，依附在新葉的背面和花蕾等處，從葉片前端開始啃食。也會導致花蕾變得殘破不堪，無法開花。

防治法

看到成蟲、橘色的卵就立即清除。如果出現長得像裹著泥土般的幼蟲，就連同葉子一起切除。冬天時成蟲會待在雜草叢中避寒，必須勤加除草。

藥劑 沒有適用的藥劑。

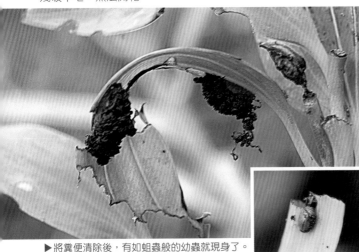

▶將糞便清除後，有如蛆蟲般的幼蟲就現身了。

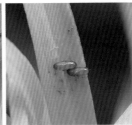

◀卵呈橘色的橢圓形狀。

◀紅褐色的成蟲體長約8～10mm，一被觸摸就會掉落地面。

常春藤

蚜蟲類

▶P56

發生時期　4～11月

蚜蟲尤其容易在冒新芽的時候出現，成群的小蟲會聚集在葉片背面吸取汁液，導致葉片捲曲萎縮，妨礙生長。排泄物會誘發煤煙病。

防治法

最重要的是養成隨時觀察植物的習慣，以便能早期發現。如果能一次發現成群的害蟲，連枝葉一同切除，防治效果會更好。適當修剪枝葉，以保持通風良好。

藥劑　蚜蟲剛開始出現時，在全株噴灑ベニカ×ファインスプレー（台灣無此綜合成分的藥劑，可用百滅寧替代），在植株底部施用賽速安。

粉蝨

▶P63下

發生時期　5～10月

白色成蟲和幼蟲會群聚在葉片背面吸取汁液。一碰觸植物時，牠們就會飛起來，有如漫天的粉塵。牠們的存在不但會妨礙植物的生長，也會誘發煤煙病。

防治法

如果植物放置在溫暖的室內，一整年都很有可能會孳生。防治的關鍵是早期發現；除了噴灑藥劑，沒有其他消滅的方法。購買植株前，請務必選擇沒有長蟲的盆栽。

藥劑　蟲害剛發生時，在全株噴灑ベストガード水溶劑（成分為Nitenpyram，台灣無此種藥劑），或是在植株底部施用賽速安。

變葉木

葉蟎類

▶P68

發生時期　5～11月

體型非常微小的蟲子，群聚在葉片背面吸取汁液，吸食後還會在葉片上留下白色斑點。如果數量很多時，甚至是像蜘蛛一樣在葉裡吐絲結網。

防治法

葉蟎的繁殖力很強，若是在乾燥溫暖的室內，一整年都會出現。因為葉蟎討厭濕氣，所以在牠們剛開始出現時，若把盆栽拿到室外，用強力的水柱在葉片灑水，便可以降低受害程度。

藥劑　當孳生數量太多時，藥劑的效用會降低許多；可以在蟲害發生初期噴灑依殺蟎。

橡膠樹

炭疽病

▶P36上

發生時期　4～11月

葉片會出現褐色的凹陷病斑，不久之後，病斑上會出現輪紋，中心則出現粒狀的黑點。葉片也會枯萎、掉落。

防治法

如果植物被冷氣等冷風吹襲，導致發育不良時，有可能會發病。發病的葉片要立刻摘除。平常需注意不要把水灑到葉子上。

藥劑　發病初期在全株噴灑ゲッター水懸劑（成分為Diethofencarb，台灣無此類產品）或免賴得等藥劑。

虎尾蘭

細菌性軟腐病

發生時期 3～10月

由細菌感染所引起的斑點病。症狀是在葉片的基部等處，出現像浸水或浸油般的不規則病斑，接著從褐色轉為暗褐色，最後腐爛。

防治法

出現腐爛情形後就不可能恢復原狀，所以必須盡速切除長出病斑的葉子，讓受害程度降到最低。濕氣重的環境會提高發病機率，若是5～9月放置於室外時，要避免被雨水淋到。

藥劑　在發病初期噴灑ゲッター水懸劑（成分為Diethofencarb，台灣無此類產品）或四氯異苯腈等。

蝦脊蘭

桃蚜

▶P56

發生時期 4～11月

體色為淡黃色至紅色以及綠色的小蟲，群聚在葉片背面和花朵上吸汁，造成植物的生長衰退。此外還會誘發煤煙病，以及成為病毒性疾病的傳染媒介，非常棘手。

防治法

害蟲繁殖的速度很快，能否早期發現是防治關鍵。只要看到害蟲就撲殺，最好能連葉子將整群害蟲都一網打盡，效果會更好。另外要保持良好的通風。

藥劑　蚜蟲剛開始出現時，在植株底部施用賽速安。

嘉德麗亞蘭

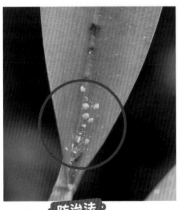

椰子盾介殼蟲

▶P59

發生時期 一整年

圓盤狀的白色害蟲寄生在假球莖和葉柄的空隙間吸汁，不僅會造成植物的生長衰退，其排泄物也會誘發煤煙病，破壞外表的美觀。

防治法

平常就要養成觀察植物的習慣，如果看到披覆著白色外殼的害蟲，可以用牙刷撢落。除了保持良好的通風，在生長期也要注意濕度，避免過度乾燥。

藥劑　撢落害蟲後，在全株噴灑撲滅松、馬拉松乳劑等藥劑。

石斛蘭

葉斑病

▶P40下

發生時期
3～7月、秋雨季

葉片的表面出現小黑斑，其周圍轉為褐色。斑點會逐漸增大為圓形病斑，葉片也會枯萎。

防治法

染病的葉片必須立刻切除。在多雨悶熱的時節容易發病，所以盆栽之間要保持適當的距離，維持通風良好，以防悶熱。

藥劑　趁斑點還小時，先切除病發的葉片，再噴灑四氯異苯腈等藥劑。

蕙蘭

黑斑病

▶P40下

發生時期 4～10月

是由黴菌引起的疾病，好發於高溫多雨的季節。葉片的前端部分出現黑色斑點，病斑的周圍和正常部分的分界很明顯。

防治法

染病時立刻摘除病葉。為了避免下雨或澆水時，泥水會飛濺到植物上，最好把植物放置在距離地面50～60cm高的台子上，而且盆栽間要保持適當的距離。

藥劑 在容易發病的6月和9月，或是剛發病初期，噴灑蓋普丹等藥劑。

綿蚜 ▶P56 發生時期 11月～隔年4月

花蕾變大時，黑綠色的小蟲會集體吸取汁液。不但妨礙植物生長，黏答答的排泄物也會誘發煤煙病。

防治法

如果植物是放在室內，到了冬天常會發生此類蟲害。平常要養成多觀察植物的習慣，一旦發現害蟲就立刻撲滅。盆栽之間要保持適當的間隔，並保持良好的通風。

藥劑 在蟲害發生初期，噴灑モスピラン・トップジンMスプレー（成分為亞滅培+甲基多保淨，台灣無此綜合成分的藥劑）等。

蝴蝶蘭

灰黴病 ▶P39上

發生時期

4～6月、10～11月

花瓣出現褐色和白色的小斑點，而且斑點會愈長愈多，連花瓣都開始腐爛，最後長出灰色的黴菌。經常發病的話，對生長會造成不良的影響。

防治法

如果室內的氣溫暖和，冬天也會發病。一旦長出黴菌，就會藉由噴出的孢子擴散感染，所以只要發現有花朵發病，就要立刻摘除。澆水時不要澆在花上，要澆在植株底部。

藥劑 開花前和發病初期，在整體噴灑甲基多保淨、ゲッター水懸劑（成分為Diethofencarb，台灣無此類產品）等藥劑。

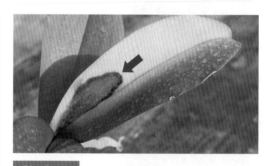

軟腐病 ▶P46 發生時期 5～10月

起初是葉子和接觸地表部分長出浸水般的斑點，最後宛如溶化一樣腐爛，並發出惡臭。幾乎無法遏止症狀惡化，嚴重者會整株枯萎。

防治法

植株底部發生病變時，從盆裡拔出，連同水苔一起回收。澆水量必須控制得宜，以免環境的溼度變得太高，氮肥施加少量就好，並把植株放置在通風良好之處。

藥劑 如果是發病初期，先切除病葉，再噴灑福化利等藥劑。

Part 4

── 絕對安心又安全！──

農藥的種類
和使用方法

農藥使用的重點

即使有認真落實日常管理工作，還是很難完全杜絕病蟲害的發生。悉心照料的蔬菜無法收成、無緣看見期待已久的開花盛況等，都是在所難免的遺憾。為了不讓這樣的悲劇一再上演，大家一定要懂得在必要的時候借用藥劑的力量。市售的農藥都必須先取得許可證，才可銷售。只要配合植物的症狀，以正確的方式使用，就不必擔心會發生問題。

1 ▶ 何謂農藥

根據台灣「農藥管理法」所言，農藥是指用於防除農林作物或其產物的病蟲鼠害、雜草者，或用於調節農林作物生長或影響其生理作用者，或用於調節有益昆蟲生長者。

依照防治的對象，可分類為殺菌劑、殺蟲劑、除草劑、殺蟎劑、殺鼠劑、殺線蟲劑、植物生長調節劑、除螺劑、除藻劑等。用來防治病蟲害的藥劑種類繁多，目前核准登記者超過500種，而有效成分則超過300種。

2 ▶ 不使用未經核准的農藥

基於重視作物的安全性，以及為了農藥操作者的健康和環境保護，不要購買來路不明或政府已公告禁止使用的藥劑，施用農藥時也要遵守正確方法。

不過，市面上也可能存在有安全性疑慮或是認定上仍處於保留狀態的種類，因此請大家務必只選擇有合格登記的農藥。

相關資訊可於行政院農業委員會動植物防疫檢疫局「農藥資訊服務網」查詢。（網址：http://pesticide.baphiq.gov.tw/）

農藥賣場販售的藥劑種類五花八門。先釐清植物染患的是疾病還是蟲害，配合防治的目的對症下藥最重要。

毒性劇烈的農藥，為了與一般家庭農藥做出區別，都是放在上鎖的保管櫃存放。

3 ▶ 詳讀包裝標示的說明，若有不明白之處，須向廠商確認

使用前應詳閱農藥包裝上的標示，包括：農藥的適用作物、使用量、稀釋倍率、使用時期與次數、施藥間隔、最後一次施用後到採收的間隔日數等注意事項，皆須確實遵守。

即便是看似差異不大的番茄和小番茄，也各有適用的藥劑，並非全部都能共用。所以使用任何農藥前，務必仔細閱讀標示或說明書。如有不明白之處或想進一步了解最新的資訊，可洽詢廠商。

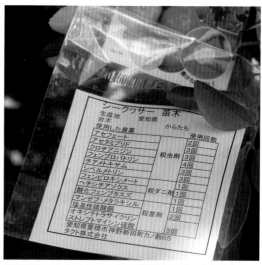

市售的苗木也會附上生產者使用的藥劑和使用次數等資訊。

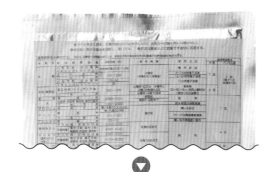

▼

稀釋倍數（率）	**1000** **1000～1500**	稀釋倍數（率） 依照記載的稀釋倍數（率）使用。噴灑劑和煙霧劑以原液使用，粒劑記載的是以坪或面積為單位的分量。
使用時期	收成前**10**天為止	使用時期 像是發生初期、定植期、生育期等，以及須在收成的幾天前停止使用等。
使用方法	噴灑	使用方法 噴灑、灌注、混合於土壤、球根浸漬等該藥劑的用法。
總使用次數	**3**次	總使用次數 在該年收穫為止的總使用次數。以庭木和果樹而言，是一年內可使用的次數。
作物名稱	高麗菜	作物名稱 適用的植物名稱。有時也會以花木類、觀葉植物類等分類標示。
有效期限	**14.12**	有效日期 標示出西元年份的末兩位數和月份。如果藥劑已超過有效期限，請勿使用。

農藥的分類

就像我們受傷或生病時需要以藥物治療一樣,當植物遭受病蟲害侵襲時,
選擇植物專用的殺蟲、殺菌劑,也是最根本的治療方法。

【 天然成分的藥劑與化學合成的藥劑 】

近來,堅持有機栽培和無農藥使用的意識
高漲,不以化學合成物質作為成分的天然藥劑
也增加了。包括以除蟲菊、菜籽油、澱粉等天
然素材和食品添加物為主要成分的種類、利用
納豆菌等微生物作用所開發的BT劑(Bacillus
thuringiensis的簡稱)等,都是對人體沒有安全
疑慮、對環境也相當環保的天然藥劑。其中也有
不少種類符合有機JAS認證,是很適合用於有機
栽培的農藥。尤其是BT劑,屬於蟲類食用型的
殺蟲劑,只會對毛蟲、綠毛蟲、夜盜蟲等特定種
類造成危害,對其他生物而言毒性很低,也沒有

傷害人體之虞。

至於蔬菜類的農藥,直到收成前一天都可以
照常使用的種類不少,對於家庭菜園而言相當方
便。不過和化學藥劑相比,噴灑天然藥劑無法讓
害蟲馬上絕跡。所以在害蟲出現的頻率呈現趨緩
之際,一定要仔細噴灑,避免讓害蟲有苟延殘喘
的機會。

不論你選擇的是天然藥劑,還是以化學成分
製成的傳統農藥,都須以正確的方法安全使用,
才能維護噴灑農藥者的健康,讓植物不殘留過多
藥劑,並且不危及周圍環境。

枯草桿菌水懸劑
原料是食品成分的殺菌劑。本藥劑以
枯草桿菌的類緣菌——納豆菌為主要
的有效成分,可發揮預防白粉病和灰
黴病等感染疾病的效果。

蘇力菌顆粒水懸劑
以存在於自然界的蘇力菌為有效成
分,讓害蟲食用的微生物殺蟲劑。可
以擊退毛蟲、粉蝨和夜盜蟲。

接觸性藥劑
以食用性澱粉為有效成分的殺蟲劑,
具備防治葉蟎等害蟲的效果。

【 殺蟲劑與殺菌劑 】

消滅害蟲的殺蟲劑、預防感染病的殺菌劑、同時可防治病蟲害的殺蟲殺菌劑等,各式各樣的藥劑都是依照使用目的而被製造出來,所以在使用前,務必清楚目的再使用。

殺蟲劑
防治害蟲的方法很多,依照藥劑的作用方式,分為以下的種類。

接觸性藥劑
直接噴灑在害蟲或葉、莖,讓害蟲接觸藥劑以達到防治效果。屬於即效性藥劑,可用於想立即消滅害蟲的時候。重點是必須讓害蟲與藥劑接觸,所以要徹底噴灑在植物上,不可有遺漏之處。

物理性防治劑
噴灑的藥劑會包覆害蟲的身體,使其窒息而死。捨棄化學成分,而是採用天然與環保成分所製成,屬於不會為人類和環境增添負擔的天然藥劑類型。

系統性藥劑
噴灑在植株基部或植物的藥劑,首先是由根部或葉片吸收後,再逐漸轉移到植物體內,藉以擊退加害於植物上的害蟲。屬於緩效型藥劑,能夠長時間持續發揮效用。

胃毒劑
讓害蟲吃下附著在莖或葉的藥劑,使其喪命的殺蟲劑。包括以害蟲喜歡的食物為餌,混入殺蟲劑以達到撲殺效果的誘殺劑。用來對付夜間出沒的害蟲很方便,包括蛞蝓、夜盜蟲、切根蟲等。

殺菌劑
把殺菌劑直接噴灑在感染病原菌的植物部位,使其發揮效用。根據藥劑發揮作用的原理大致可分為三種。預防性的噴灑可防止病原菌入侵,或者抑制病原菌的繁殖,但是無法修復已經受損的部位。

直接殺菌劑‧保護性殺菌劑
前者是直接把殺菌劑噴灑在已感染病原菌的葉和莖,達到殺菌的效果;後者則是於感染前噴灑,以防止病原菌從傷口等處入侵。有許多產品兼具兩者的特性。

系統性殺菌劑
讓噴灑的藥劑滲透入植物裡,以防病原菌入侵。對抗已經受到病原菌入侵的植物也可發揮效果。

抗生素類藥劑
利用抗生素的作用,抑制病原菌活動的藥劑。

殺蟲‧殺菌劑
添加殺蟲成分和殺菌成分的藥劑,用於防治蟲害和感染病同時併發等場合。感染病和蟲害不同之處在於難以早期發現,遇到難以判斷是蟲害或感染病時,可選擇殺蟲殺菌劑。

接觸性藥劑
噴霧劑和煙霧劑,都是能直接作用於害蟲的接觸性藥劑。

系統性藥劑
撒在植株基部和種植孔的粒劑,會讓藥效逐漸滲透入植物中而發揮效用。

胃毒劑
促使害蟲靠近而進食的誘殺劑,也屬於胃毒劑的一種。

【 依使用型態做區分的藥劑 】

　　藥劑依照不同的使用型態，分為好幾種劑型。以下大致區分為「方便直接使用的種類」和「必須先以水稀釋再使用的種類」，兩者各有其優點和使用上的注意事項，請大家依照噴灑面積和目的等區分使用。

可以直接使用的劑型

噴霧劑

直接噴灑的類型，只要按下按鈕，藥劑就會噴射出來，不需要另外準備噴霧器和計量器具。通常用在盆栽等小面積上，但如果是大範圍的陽台或庭院，也可以備存一罐，以備不時之需。

噴液劑

把藥劑裝入手持噴霧器的產品，即使對著葉片近距離噴灑，也不會造成冷害。方便於直接噴灑，但是藥劑量有限，只適合用於盆栽等小規模噴灑。

粉劑

粉狀的藥劑，較容易掌控施撒的進度，所以不易產生遺漏，缺點是施撒的場地會呈現一片狼藉。另外，如果集中散布在某一處，有可能會導致藥害，必須特別注意。

粒劑

顆粒狀的藥劑，適合用於草莖高度較低的植物。可以直接施撒，重點是要均勻散布，不可集中在某一處。稍微混入土壤之內的效果更好。長效型的產品很多，而且不容易飛散到周圍也是另一項優點。

錠劑

尺寸比粒劑大一點的產品，用來驅除蛞蝓、切根蟲等夜行性害蟲的效果顯著。在植物尚未受害前使用，也能達到預防效果。必須注意不可以讓孩童、貓狗等寵物誤食。

以水稀釋再使用的劑型

乳劑・液劑

液體型的藥劑，只需於水中添加少量藥劑就能製造大量藥液，便於散布在大面積的栽培場地。為了避免藥液用不完而造成浪費，每次使用前必須準確調配所需的分量，而且限於當天使用完畢。乳劑溶於水會變成白濁狀，但液狀藥劑沒有添加乳化劑，所以不會變得混濁。噴灑前，把藥劑裝進噴霧器即可。

水懸劑

粉狀或顆粒狀的藥劑，先用水溶解再使用。只需少量藥劑就能製造大量藥液，所以適合用在大面積的栽培場地。但是保存時間很短，每次使用前必須調配所需的分量，而且僅限當天使用完畢。稀釋時若加入展著劑，效果更好。噴灑前，把藥劑裝進噴霧器即可。

噴液劑
非壓縮氣體類的噴霧型藥劑。適合局部、重點式噴灑。不必擔心會造成冷害，近距離噴灑也無妨。

噴霧劑
填裝高壓氣體和藥劑的罐裝藥劑。用法簡單，使用前先搖勻罐身。必須和植物保持30cm的距離噴灑，否則會造成冷害。

乳劑・液劑・水懸劑
以水稀釋後，用噴霧器噴灑的藥劑類型。使用時，務必按照指示的倍數稀釋。只需少量藥品就能噴灑大片面積，十分經濟實惠。

【 有效成分與使用標示的解讀 】

藥劑在病蟲害的防治上可發揮莫大的威力，但如果誤用方法或選錯種類，不但得不到擊退病蟲害的效果，反而會危害植物與環境。為了達到安全又有效的用藥，使用前務必確認標示說明。

農藥除了「商品名」，還有「種類名」。所謂的種類名，意即將農藥的「有效成分名稱」加上「粉劑、粒劑、水懸劑等劑型名稱」。只要種類名稱相同，即使商品名稱不一樣，基本上是一樣的藥劑。另外，農藥的有效成分即使相同，但劑型各異的話，用法也不一樣。因為每一種劑型各有不同的製法和商品名稱，連適用的植物對象也隨之改變。必須掌握藥劑的特性和效果，才有辦法以正確的方法使用。

仔細閱讀標示說明以掌握安全的用法

許可證登記號碼
為國家核准登記的號碼，沒有申請登記的農藥，依法不能販售與使用。

使用方法與適用範圍

物理性狀
農藥的顏色與形狀。

注意事項
包括使用上的注意和保管方法等。

商品名稱

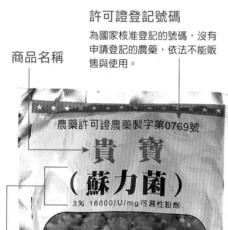

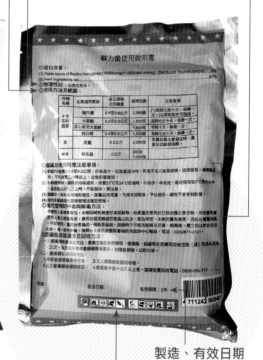

種類名稱
主要成分的名稱加上劑型的名稱。

警告標誌及注意標誌

製造、有效日期

圖片提供／豐富農藥行05-2261492

農藥的用法

使用農藥時，為了維護使用者與環境的安全性，在進行噴灑作業之前，包括服裝、對周圍環境的保護措施等，都必須做好萬全的準備。

【 必要的用具類 】

如果是使用市售的噴霧劑、噴液劑、錠劑等，就不必另外準備稀釋時所需的用具。但若是需以水稀釋的水懸劑、乳劑、液劑等，就必須準備計算分量用的計量匙、計量杯、計量用的滴管、附帶刻度的水桶等。

噴霧器當然也是不可或缺的要件，噴霧器的容量有大有小，建議大家依照規模和目的選用。如果是盆栽、小規模的菜園、花圃等，適合挑選手持式噴霧器；占地較廣的菜園、庭木、果樹等，就用大型的加壓式噴霧器。

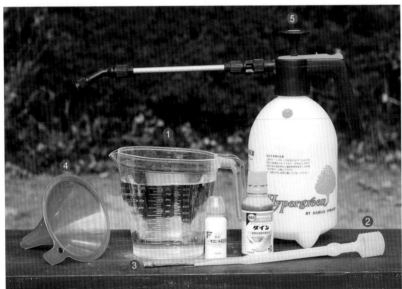

❶ 計量杯
用於測量水量。

❷ 滴管
用於測量展著劑和乳劑等分量。

❸ 攪拌棒
把藥劑、展著劑等和水混合時使用。

❹ 漏斗
用於把稀釋過的藥劑移到噴霧器中。

❺ 噴霧器
用於裝入稀釋過的藥劑，以便噴灑時使用。

加壓式噴霧器
適用於庭木和果樹等植物的手動加壓式噴霧器。

手持式噴霧器、小型噴霧器
適用於小規模的菜園和花圃的小型噴霧器。

【 稀釋藥劑的製作方法 】

粉末的水懸劑和液體狀的乳劑、液劑都必須先加水稀釋再使用。每次使用前必須調配所需的分量，避免藥液過多而造成浪費。防治的效果並不是和藥劑的濃度呈正比，濃度過高反而會對植物造成藥害；相對的，濃度太淡的話，效果也不明顯。因此調配藥液之前，最重要的是仔細閱讀藥劑的使用說明，確認正確的稀釋倍數。請參照以下的稀釋速查表，從稀釋倍數和水量（實際噴灑時的液體分量）確認必要的藥劑分量。

水懸劑的稀釋方法

把測好分量的水懸劑裝入容器，再倒入加了展著劑的少量水，以攪拌棒均勻混合。接著依照稀釋速查表的數值，加入量好的水，仔細攪拌後，倒入噴霧器等容器即可使用。重點在於不要把藥劑倒入準備好的水，因為藥劑會不容易溶解，無法均勻混合，應該一開始先以少量的水化開。

乳劑·液劑的稀釋方法

對照稀釋速查表，把量好的水倒進水桶等容器，再用附帶刻度的滴管把藥劑滴入水中，經過仔細攪拌後，裝入噴霧器就可以噴霧了。展著劑雖然不是非加不可，但它可以提高藥劑的效果，建議事先在量好的水裡加入微量即可。

※何謂展著劑：噴灑藥劑時，為了提高藥劑附著在植物表面的效果，在稀釋藥劑時混入使用。

水量＼稀釋倍數	100倍	250倍	500倍	1000倍	1500倍	2000倍
500mℓ	5.0	2.0	1.0	0.5	0.3	0.25
1ℓ	10.0	4.0	2.0	1.0	0.7	0.5
2ℓ	20.0	8.0	4.0	2.0	1.3	1.0
3ℓ	30.0	12.0	6.0	3.0	2.0	1.5
4ℓ	40.0	16.0	8.0	4.0	2.7	2.0
5ℓ	50.0	20.0	10.0	5.0	3.3	2.5
10ℓ	100.0	40.0	20.0	10.0	6.7	5.0

稀釋速查表

稀釋時所需的藥劑分量，計算公式為「欲製作的噴灑液分量（水量）÷想要的藥劑濃度（稀釋倍數）」。表中的「水量」和「稀釋倍數」的交叉數字帶，代表稀釋時所需的藥劑分量。例如：製作2公升的1000倍藥液時，必須把乳劑2ml或水懸劑2g溶解於2公升的水（單位：乳劑是ml，水懸劑是g）。

水懸劑的稀釋方法

1 把少量的水和少量的展著劑加入量好的藥劑中，攪拌均勻。

2 再把量好的水分次倒入，一邊倒一邊攪拌。

乳劑·液劑的稀釋方法

1 把少量的展著劑加入量好的水中，攪拌均勻。

2 再把乳劑或液劑倒入，整體攪拌均勻。

3 裝入噴霧器中即完成。

【 噴灑藥劑時的服裝 】

如果是不需稀釋就能直接使用的噴霧或噴液型藥劑，不需要準備特殊的服裝。但是如果要噴灑粉劑或使用噴霧器，一定要戴上帽子，還要穿上長袖和長褲，盡可能不要露出皮膚，以免身體受到藥劑的危害。

除此之外，為了避免吸入藥劑並預防藥劑進入眼睛，園藝用的口罩和護目鏡也是必備品。最後還要穿上經過防水加工的雨衣。如果僅是噴灑微量的藥劑，最起碼也該穿上長袖、長褲、口罩和手套。

噴灑藥劑時必須穿戴的裝備

理想的防護裝備

❶ 經過防水加工的雨
衣和褲子

❷ 園藝用的口罩

❸ 護目鏡

❹ 防止農藥滲入皮膚
的橡膠手套

噴灑藥劑之前，一定要做好萬全的防護準備。盡量減少皮膚露出的部分，以免受到藥劑的危害。

即使只是對準盆栽
噴灑少量的藥劑，
最好還是戴上手套
和口罩。

【 噴灑藥劑時的注意事項 】

首先仔細閱讀包裝標示或說明書，依照指定的濃度稀釋。確認一切都準備齊全，才正式噴灑。同時也別忘了考量周圍環境的情況，不論是在進行噴灑時或噴灑後，都要遵守正確的做法。

噴灑的事前準備

為了避免不慎接觸藥劑或被噴灑到身上，除了準備服裝、口罩、護目鏡等防護道具，進行噴灑作業時，也必須遵守一些基本原則。首先在噴灑前，確認噴霧器是否能正常運作。噴灑時，必須遠離寵物、衣物和孩子的玩具等，並且事先告知鄰居。身體過於疲倦或提不起勁的時候，還有喝酒之後，都不要勉強自己進行作業。除此之外，如果預定噴灑藥劑的當天臨時下雨或颳起強風，請另外擇日進行。白天的高溫對植物可能會造成藥害，所以選擇清晨與傍晚的涼爽時段為宜。

噴灑的方法與注意事項

噴灑時要注意風向，如果以逆風的方向噴灑，身體可能會被藥劑噴濺到，務必多加小心。另外，如果一邊往前走一邊噴灑，等於是讓自己沐浴在藥劑之中，必須一邊往後退一邊噴灑。藥劑不單是噴灑在葉片的正面，連背面也不可遺漏。如果是庭木等植物，因為本身會滴水的關係，容易造成混淆，不確定有哪些範圍已經噴灑了，所以必須從下面的枝條朝著上面的枝條噴灑。此外，避免中途停下來用餐、抽菸或休息，請集中精神，一鼓作氣在短時間內完成。

站在上風處，一邊噴灑一邊後退

面向下風處，隨時保持從上風往下風的方向噴，而且一邊噴灑一邊後退。

從下往上對著樹木噴灑藥劑

噴灑樹木的原則是從下枝往上枝噴灑。但如果要噴灑的樹木很高，自己有可能吸入藥劑，或是進入藥劑的噴灑範圍，所以一定要特別小心。

葉片背面也需要仔細噴灑

噴灑葉片背面時，記得改變噴嘴的方向，朝上噴灑。

對小型的草花噴灑時，要把葉片翻過來

對盆栽植物噴灑時，記得把葉片翻開，才不會有所遺漏。

☞ 噴灑時的注意事項～ 這些事項也不能忽略

不可對鄰居造成困擾

考量到藥劑會散播到空氣之中，噴灑前最好向鄰居打聲招呼。選擇在無風的日子進行比較安心。

讓孩子和寵物留在室內

為了避免他們會接觸到藥劑，留在室內比較理想。

保護池裡的魚的安全

如果池裡有魚等生物，事先蓋上塑膠布再噴灑。

把室內的植物搬到外面

把放在室內的觀葉植物等也拿到外面進行噴灑。

【充滿巧思的聰明噴灑法】

在陽台等處進行作業時，只要利用報紙或塑膠袋，就不必擔心藥劑會噴得到處都是。

使用報紙

▲先用報紙包住植物一圈，再噴灑藥劑，就不用擔心會噴到周圍。

使用塑膠袋

▲把盆栽植物裝入大一點的塑膠袋內，再拿著噴霧器在袋內進行噴灑，完成後將袋口綁起來，靜置一段時間後再取出植物。

【 噴灑藥劑後的注意事項 】

即使操作時再怎麼小心翼翼，還是很難避免身上不被藥劑噴到，所以噴灑作業結束之後，必須脫下衣物等裝備，然後漱口、用肥皂將手和臉清洗乾淨。脫下的衣服須和其他衣服分開清洗。

剩餘的藥劑不可轉移到其他容器或者分裝，必須繼續存放在購買時的原容器，密封或拴緊後，放在不會被孩子拿到的陰涼處。噴霧器和稀釋時使用的計量器具都要清洗乾淨，並確實瀝乾水分，最好存放在和藥劑相同的地方。器具類先充分乾燥再收起來是很重要的原則。

同時也要告知鄰居噴灑作業已經結束，當天不要再進入噴灑藥劑的區域。

噴灑藥劑後，暫時不要讓孩子和寵物到庭園或外出。

沾染到藥劑的衣物，不可和其他衣物一起清洗。

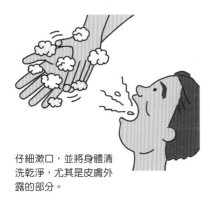

仔細漱口，並將身體清洗乾淨，尤其是皮膚外露的部分。

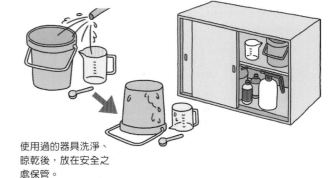

使用過的器具洗淨、晾乾後，放在安全之處保管。

【 如果調配太多藥劑時，該怎麼處理？ 】

乳劑、水懸劑等以水稀釋過的噴灑液，會隨著時間而不斷分解，效果逐漸減弱，無法長期保存。即使僅是留到隔天，也無法發揮充分的效果，所以請遵守「只調配當次所需的分量，一次用完」的原則。若是在不得已的情況下，剩下過多藥液時，也不可倒回原來的容器，更嚴禁倒入河川或水溝廢棄。必須在地面挖出約10cm深的洞穴，再將剩餘的藥劑倒入。此舉的用意是讓土壤吸收藥劑成分，再由土壤中的微生物分解。

農藥的種類與效果

以下針對書中常提到的幾款農藥，標示出適用於居家園藝的常見作物，以及主要防治的病蟲害種類，以便各位需要購買時查詢。即使是同一種藥品，依照不同的劑型含量，適用植物、防治對象與使用方法並不相同，請詳細確認各商品的使用說明書，以更經濟、安全的方式施用農藥吧。

【殺菌劑種類與防治的疾病】

藥劑名稱	劑型含量	適用作物	防治病蟲害	商品名稱（廠商）
免賴得 Benomyl	50% 可溼性 粉劑	蘆筍	莖枯病	再生（世大）、利力（國豐）、來福（瑞芳）、旺果（龍燈）、特力（安旺特）、原力（瑪斯德）、益利（惠光）、猛力（高事達）、猛靈（南億）、越力（利臺）、萬力（正農）、嘉力（嘉農）、億力（富農）、霸菌（洽益）、一大利（海博）、太有利（久竹）、生力丹（生力）、全滅菌（富農）、免出力（日產）、真菌除（興農）、菌清清（嘉泰）、雷速丹（日農）、億萬利（聯利）、臺益益力（臺益）、松樹意力（松樹）、杜邦免賴得（杜邦）等等
		印度棗	輪斑病	
		西瓜	白粉病	
		香瓜	白粉病	
		木瓜	白粉病	
		葡萄	白粉病	
		梨	黑星病	
		洋菇	褐痘病	
		蘋果	白粉病／黑星病	
		香蕉	軸腐病／葉斑病	
		柑桔	黑星病／瘡痂病	
		檬果	白粉病	
		奇異果	白粉病	
甲基 多保淨 Thiophanate- methyl	40% 水懸劑	葡萄	黑痘病	農益（青山）、加加寶（臺聯）、可殺菌（東和）、吉時保（日產）、多保精（興農）、多菌清（興農）、多滅菌（富農）、多福淨（惠光）、多福進（日農）、多黺菌（雅飛）、多寶健（高事達）、好照固（東和）、克星丹（生力）、利滅菌（利臺）、妥普淨（臺益）、妥普精（聯利）、快速淨（南億）、金保淨（正農）、保利春（大勝）、保護寧（東鋒）、毒必淨（雅飛）、殺菌王（龍燈）、殺菌淨（洽益）、
		菊	灰黴病	
	70% 可溼性 粉劑	蘋果	黑星病／炭疽病	
		香蕉	葉斑病／炭疽病	
		柑桔	瘡痂病	
		檬果	炭疽病	
		蓮霧	炭疽病	
		葡萄	晚腐病	
		楊桃	炭疽病	
		釋迦	炭疽病	
		番石榴	炭疽病	
		荔枝	炭疽病	

※註：第170～179頁內容非取自日版原著，由台灣版自行製作。

藥劑名稱	劑型含量	適用作物	防治病蟲害	商品名稱（廠商）
甲基多保淨 Thiophanate-methyl	70% 可溼性粉劑	木瓜	炭疽病	速克保（恒欣）、菌藥精（臺益）、新寶淨（庵原）、零菌潔（嘉農）、滅菌丹（洽益）、滅菌精（嘉農）、樂得淨（嘉泰）、確保淨（世大）、聯保淨（聯利）、雙保淨（安旺特）、霸保淨（恒欣）、護你好（大勝）、松樹保淨（松樹）、新寶淨‧精（庵原）、法－達保淨（大成）等等
		酪梨	炭疽病	
		龍眼	炭疽病	
		無花果	炭疽病	
		百香果	炭疽病	
		紅龍果	炭疽病	
		紅毛丹	炭疽病	
		菊	灰黴病	
		蘭	灰黴病	
	3% 軟膏劑	瓜菜類	蔓枯病	
		瓜果類	蔓枯病	
滅達樂 Metalaxyl	35% 水懸劑 / 17.5% 溶液 / 35% 可溼性粉劑	玉米	露菌病	攻露（東和）、征露（雅飛）、戰菌（興農）、聖露（安旺特）、卡好用（臺益）、地樂隆（臺聯）、好通露（易利特）、好露用（松樹）、剋露清（國豐）、紅太陽（光華）、美佳露（正農）、勁達樂（匯達）、賜無菌（聯利）、速治菌（臺益）、圍達樂（富農）、愛普殺（臺聯）等等
		豆科小葉菜類	疫病	
		菊科小葉菜類	疫病	
		茄科小葉菜類	疫病	
		蔥科小葉菜類	疫病	
		葫蘆科小葉菜類	疫病	
四氯異苯腈 Chlorothalonil	40% 水懸劑 / 75% 水分散性粒劑 / 75% 可溼性粉劑	豆科乾豆類	炭疽病	祥寶（臺聯）、達露（安旺特）、露露（興農）、上蓋靈（東和）、大可寧（生力）、大可靈（惠光）、大克病（省農會）、大克能（龍燈）、大克寧（聯利）、仙克寧（洽益）、百克露（東和）、好達寧（好速）、百克寧（日農）、老主固（日產）、克氯靈（嘉農）、快滅菌（嘉泰）、征露靈（正農）、剋菌精（臺益）、速治寧（利臺）、萬尅靈（大勝）、達克靈（庵原）、農總好（富農）、
		落花生	葉斑病／銹病	
		向日葵	炭疽病	
		胡麻	疫病	
		十字花科包葉菜類	炭疽病	
		菊科包葉菜類	炭疽病	
		豆科小葉菜類	炭疽病	
		十字花科小葉菜類	炭疽病	
		油菜	炭疽病	

藥劑名稱	劑型含量	適用作物	防治病蟲害	商品名稱（廠商）
四氯異苯腈 Chlorothalonil	40% 水懸劑 ／ 75% 水分散性粒劑 ／ 75% 可溼性粉劑	菊科 小葉菜類	炭疽病	達益靈（光華）、銹露能（德方）、穩施寧（恒欣）、大可靈精（惠光）、大克寧精（聯利）、達克尼克（臺益）、達剋能粒（德方）、思菌清－精（思高）、達克靈‧精（瑞繡）、世大達菌能（世大）、炭無露SC（海博）、昭和達克靈（瑞繡）、庵原達克靈（庵原）、興農露露精（興農）、法財賜露－精（大成）、庵原達克靈－精（庵原）、四氯異苯腈（南億）等等
		艾草	炭疽病	
		蔥科 小葉菜類	炭疽病	
		葫蘆科 小葉菜類	露菌病／炭疽病	
		菠菜	炭疽病	
		山蘇	炭疽病	
		豆科 根菜類	炭疽病	
		山藥	炭疽病	
		十字花科 根菜類	炭疽病	
		菊科 根菜類	炭疽病	
		蔥科 根菜類	炭疽病	
		瓜菜類	炭疽病／露菌病	
		豆菜類	炭疽病	
		瓜果類	炭疽病／露菌病	
		草莓	炭疽病	
		桃	縮葉病	
		菊	炭疽病	
		洋甘菊	炭疽病	
	75% 水分散性粒劑 ／ 75% 可溼性粉劑	十字花科 包葉菜類	黑斑病	
		結球白菜	黑斑病	
		十字花科 小葉菜類	黑斑病	
		小白菜	黑斑病	
		蔥科 小葉菜類	紫斑病	
		馬鈴薯	晚疫病	
		蔥科 根菜類	紫斑病	
		洋蔥	紫斑病	

藥劑名稱	劑型含量	適用作物	防治病蟲害	商品名稱（廠商）
四氯異苯腈 Chlorothalonil	75% 水分散性粒劑 ／ 75% 可溼性粉劑	番茄	晚疫病	
		胡瓜	露菌病	
		草莓	葉斑病	
		桃	銹病	
		葡萄	銹病	
		柑桔類	黑星病	
	75% 可溼性粉劑	小葉菜類	葉斑病	
		果菜類	疫病	
		香蕉	葉斑病	
鋅錳乃浦 Mancozeb	33% 水懸劑	豆科乾豆類	疽病	大昇（雅飛）、大新45（聯合）、天生－45（安旺特）、好速－45（好速）、好意－45（惠光）、來仙（雅飛）、旺生（安農）、美升（德方）、強龍（大勝）、惠生45（惠光）、優生45（優必樂）、萬生®200（聯合）、霸生（安農）、天霸王（聯合）、生果旺（日農）、台生粉（世大）、台生精（惠光）、多利旺（正農）、利果蔬（利臺）、旺綠生（光華）、果興旺（臺益）、青台生（高事達）、皇大仙（興農）、美多果（龍燈）、美果寶（合林）、愛你錳（青山）、愛果生（臺聯）、愛鋅錳（瑞福）、嘉益精（嘉農）、興農生（興農）、龍巴斯（意農）、總寧精（利臺）、新富王（嘉農）、果生（日農）、萬得生（萬得發）、萬滅靈（南億）、萬果好－45（東和）、興農生®－45（興農）、大生霸王（道禮）、
		茭白筍	胡麻葉枯病	
		豆薯	炭疽病	
		馬鈴薯	晚疫病	
		蘆筍	莖枯病	
		番茄	晚疫病	
		金針	銹病	
		豆菜類	銹病	
		瓜果類	炭疽病	
		香蕉	葉斑病／葉黑星病	
		葡萄	晚腐病	
		楊桃	炭疽病	
		蓮霧	炭疽病	
		番石榴	炭疽病	
		無花果	炭疽病	
		荔枝	露疫病	
		檬果	炭疽病	
		柑桔類	黑點病	
	80% 可溼性粉劑	豆科乾豆類	炭疽病	
		落花生	葉斑病	
		大豆	銹病	
		豆薯	炭疽病	
		馬鈴薯	晚疫病	

藥劑名稱	劑型含量	適用作物	防治病蟲害	商品名稱（廠商）
鋅錳乃浦 Mancozeb	80% 可溼性 粉劑	番茄	晚疫病／葉黴病	台生水仙（臺益）、好速大王（好速）、美生®－45（雋農）、安生四十五（安農）、鋅錳天王（安農）、法－財霸王（大成）、聯利大生（聯利）、保農安四十五（國豐）、威生寶－45（益欣）、新大生霸王（道禮）、益菓生－M45（洽益）、道禮金大生® M－45（道禮）、鋅錳乃浦（日產、發順、東鋒、省農會）等等
		香蕉	真菌及類真菌病害／葉斑病／炭疽病／黑星病／黑點病／水銹	
		釋迦	炭疽病	
		葡萄	黑痘病／晚腐病	
		楊桃	炭疽病	
		蓮霧	炭疽病	
		番石榴	炭疽病	
		檬果	炭疽病	
		柑桔類	黑星病／黑點病	
	47.5% 水分散性 油懸劑	豆科 乾豆類	炭疽病	
		落花生	葉斑病	
		豆薯	炭疽病	
蓋普丹 Captan	50% 可溼性 粉劑	鳳梨	心腐病	好速剎（好速）、好速殺（好速）、保粒好（興農）、果富丹（六和）、甜旺來（瑞芳）等等
		甘蔗	鳳梨病	
波爾多 Bordeaux mixture	72% 可溼性 粉劑	瓜菜類	露菌病	介新（高事達）、介猛（高事達）、藍寶（龍燈）、九威旺（嘉潔）等等
		瓜果類	露菌病	
		柑桔類	潰瘍病	
快得寧 Oxine-copper	33.5% 水懸劑 ／ 40% 水分散性 粒劑 ／ 40% 可溼性粉劑 ／ 80% 可溼性 粉劑	莧菜	白銹病	太棒（安旺特）、快淨（龍燈）、尚青（臺聯）、益旺（省農會）、牽手（台石）、祥旺（儂泰）、祥讚（儂泰）、滿青（臺聯）、綠健（世大）、聯棒（聯利）、上介棒（國豐）、世界棒（臺益）、仙得寧（洽益）、加富冬（瑞芳）、有貴人（東和）、好枝春（好速）、快益清（嘉泰）、快樂農（嘉泰）、疫露棒（利臺）等等
		瓜菜類	露菌病	
		瓜果類	露菌病	
		葡萄	露菌病	
		荔枝	露疫病	
		梨	黑星病	
		枇杷	灰斑病	
		柑桔類	瘡痂病	
		蘭	疫病	
邁克尼 Myclobutanil	13.4% 乳劑	茄科 小葉菜類	白粉病	信心（惠光）、信生（道禮）、粉贊（瑞芳）、勝生（雅飛）、
		茄科 根菜類	白粉病	

藥劑名稱	劑型含量	適用作物	防治病蟲害	商品名稱（廠商）
邁克尼 Myclobutanil	**13.4%** 乳劑	茄科 果菜類	白粉病	粉好效（萬得發）、超好效（萬得發）、愛力克（臺聯）、福力克（臺聯）、擱抹嗲（惠光）、法－財翔強（大成）、自立果農靈（日農）等等
		瓜菜類	白粉病	
		瓜果類	白粉病	
	40% 可溼性 粉劑	茄科 小葉菜類	白粉病	
		茄科 根菜類	白粉病	
		茄科 果菜類	白粉病	
		葡萄	白粉病	
		蘋果	白粉病／黑星病	
		桃	縮葉病	
		梅	白粉病	
		印度棗	白粉病	
		柿	白粉病／角斑病	
滅普寧 Mepronil	**40%** 水懸劑	玉米	黑穗病	百賜達克（瑞穗、庵原）、滅普寧等等
	75% 可溼性 粉劑	菠菜	苗立枯病	
		胡蘿蔔	白絹病	
		芋	白絹病	
		菱角	白絹病	
		梨	赤星病	
氟硫滅 Flusulfamide	**0.3%** 粉劑 ／ **5%** 水懸劑	甘藍	根瘤病	根必強（惠光）、根美人（惠光）、氟硫滅（住友）等等
碳酸氫鉀 Potassium hydrogen-carbonate	**80%** 水溶性 粉劑	豆科 乾豆類	白粉病	速綠佳（立農）、碳酸氫鉀等等
		胡麻	白粉病	
		豆科 小葉菜類	白粉病	
		豆科 根菜類	白粉病	
		瓜菜類	白粉病	

藥劑名稱	劑型含量	適用作物	防治病蟲害	商品名稱（廠商）
碳酸氫鉀 Potassium hydrogen-carbonate	80% 水溶性 粉劑	胡瓜	白粉病	
		豆科 豆菜類	白粉病	
		瓜果類	白粉病	
		草莓	白粉病	
		菊	白粉病	
得恩地 Thiram	40% 水懸劑	檬果	炭疽病	保物壯（日農）、保菌淨（臺益）、美果旺（龍燈）、得果丹（利臺）、新果生（互祥）、農真好（富農）、慶達生（高事達）、寶果泰（惠光）、得恩地等等
	65% 可溼性 粉劑	葡萄	晚腐病	
		楊桃	炭疽病	
		蓮霧	炭疽病	
		番石榴	炭疽病	
		無花果	炭疽病	
		桃	縮葉病	
	80% 可溼性 粉劑	草莓	灰黴病	
		葡萄	晚腐病	
		楊桃	炭疽病	
		蓮霧	炭疽病	
		番石榴	炭疽病	
		無花果	炭疽病	
		檬果	炭疽病	
		桃	縮葉病	
三元 硫酸銅 Tribasic copper sulfate	27.12% 水懸劑	蔥	疫病／ 細菌性軟腐病	果神（臺聯）、統稱（名方）、果太保（嘉濱）、銅尚讚（好速）、銅高尚（日產）、三元硫酸銅等等
		芋	疫病	
		果菜類	細菌性斑點病	
		茄科 果菜類	細菌性斑點病	
		甜椒	細菌性斑點病	
		瓜菜類	露菌病	
		瓜果類	露菌病	
		葡萄	黑痘病	
		蓮霧	疫病	
		番石榴	疫病	

藥劑名稱	劑型含量	適用作物	防治病蟲害	商品名稱（廠商）
三元 硫酸銅 Tribasic copper sulfate	27.12% 水懸劑	無花果	白腐病	
		檬果	黑斑病	
		鼠李科 梨果類	疫病	
		柑桔類	疫病	
		菊	疫病	
		野薑	疫病	
		嘉德 麗亞蘭	疫病	
鹼性 氯氧化銅 Copper oxychloride	63.02% 水分散性 粒劑	馬鈴薯	晚疫病	卡勇（立農）、青發（興農）、青銅（嘉濱）、果吉（臺聯）、可保銅（生力）、好採多（瑞芳）、好寶銅（南億）、安美樂（嘉農）、妥當讚（世大）、固保旺（嘉泰）、果保旺（龍燈）、疫露清（意農）、活力銅（洽益）、高力銅（惠光）、健果銅（益欣）、喜果銅（日農）、銅老大（聯利）、銅寶發（青山）、銅歡喜（大勝）、高綠銅粉（利臺）、新必利丹（青山）、鹼性氯氧化銅等等
		番茄	晚疫病	
	70% 可溼性 粉劑 ／ 75% 可溼性 粉劑 ／ 85% 可溼性 粉劑 ／ 63.02% 水分散性 粒劑	豆科 乾豆類	疫病	
		豆科 小葉菜類	疫病	
		茄科 小葉菜類	疫病	
		豆科 根菜類	疫病	
		茄科 根菜類	疫病	
		薑	疫病	
		芋	疫病	
		茄科 果菜類	疫病	
		金針	疫病	
		洛神葵	疫病	
		豆菜類	疫病	
		草莓	果腐病	
	85% 可溼性 粉劑	楊桃	細菌性斑點病	
嘉賜銅 Kasugamycin + copper xychlorid	77.5% 可溼性 粉劑	瓜菜類	露菌病	
		胡瓜	露菌病	

藥劑名稱	劑型含量	適用作物	防治病蟲害	商品名稱（廠商）
嘉賜銅 Kasugamycin + copper xychlorid	81.3% 水溶性 粉劑	甘藍	黑腐病	輕功（大勝）、新輕功（大勝）、加瑞農（大勝）、露菌滅（世大）、加速黴素（世大）、春日黴素（久農）、嘉賜銅等等
		蔥科 小葉菜類	紫斑病	
		蒜	紫斑病	
		蔥	疫病／ 細菌性軟腐病	
		蔥科 根菜類	紫斑病	
		洋蔥	細菌性軟腐病	
		芋	疫病	
		番茄	早疫病／ 細菌性斑點病	
		甜椒	細菌性斑點病	
		木瓜	疫病	
		蓮霧	疫病	
		檬果	黑斑病	
		柑桔類	潰瘍病	
菲克利 Hexaconazole	10% 乳劑	蔥科 小葉菜類	銹病	卡出運（安旺特）、包攻（世大）、真稱（光華）、神龍（富農）、紋絕（瑞芳）、高利（雅飛）、菲哥（臺益）、超星（光華）、介合用（萬得發）、介好用（洽益）、水叮噹（興農）、凸統久（臺聯）、包清天（世大）、包穗滿（庵原）、地球春（正農）、田大帥（臺聯）、田老大（嘉濱）、好吉調（日農）、好清淨（易利特）、好紋淨（東和）、好銹紋（好速）、安果寧（嘉農）、安紋寧（嘉泰）、安滅樂（先正達）、安衛果（安可）、飛克利（安可）、克菌精（聯利）、利枯淨（易利特）、呼您發（先正達）、尚有利（興農）、尚優秀（嘉濱）、易滅淨（易利特）等等
		蔥科 根菜類	銹病	
		金針	銹病	
		甘藷	基腐病	
		草莓	白粉病	
		胡麻	白粉病	
	5% 水懸劑	落花生	銹病	
		蔥科 小葉菜類	銹病	
		蔥科 根菜類	銹病	
		韭	銹病	
		茭白筍	銹病	
		金針	銹病	
		甘藷	基腐病	
		胡瓜	白粉病	
		草莓	白粉病	

藥劑名稱	劑型含量	適用作物	防治病蟲害	商品名稱（廠商）
菲克利 Hexaconazole	5% 水懸劑	葡萄	白粉病	
		鼠李科 梨果類	白粉病	
		梨	白粉病／黑星病	
		桃	銹病／白粉病／ 縮葉病	
		豆科 乾豆類	白粉病	
		胡麻	白粉病	
硫酸 快得寧 Oxine-copper + Copper Sulfate	39% 可溼性 粉劑	瓜菜類	露菌病	銅霸王（聯利）、硫酸快得寧等等
		瓜果類	露菌病	
		胡瓜	露菌病	
碳酸氫鉀 Potassium hydrogencar- bonate	80% 水溶性 粉劑	豆科 乾豆類	白粉病	速綠佳（立農）、碳酸氫鉀等等
		胡麻	白粉病	
		豆科 小葉菜類	白粉病	
		豆科 根菜類	白粉病	
		瓜菜類	白粉病	
		胡瓜	白粉病	
		豆科 豆菜類	白粉病	
		瓜果類	白粉病	
		草莓	白粉病	
		菊	白粉病	
		風茄	白粉病	

※資料出處：
行政院農業委員會農業藥物毒物試驗所，《農藥使用手冊》，2012。
行政院農業委員會動植物防疫檢疫局「農藥資訊服務網」。

關於農藥的最新資訊，可多加利用行政院農業委員會動植物防疫檢疫局「農藥資訊服務網」（http://pesticide.baphiq.gov.tw/）或是「農業藥物毒物試驗所網站」（http://www.tactri.gov.tw/）查詢。

【殺蟲劑種類與防治的蟲害】

殺蟲劑	害蟲種類									
	鱗翅目									
	螟蛾類	菜蛾類	夜蛾類	粉蝶類	毒蛾類	捲葉蛾類	鳳蝶類	尺蠖蛾類	刺蛾類	避債蛾類
歐殺松 Acephate	●	●	●	●						
蘇力菌 Bacillus thuringiensis	●	●	●	●						
撲滅松 Fenitrothion	●		●		●					
賽洛寧 Lambda-cyhalothrin	●		●	●	●					
百滅寧 Permethrin		●	●	●	●					
可尼丁 Clothianidin										
丁基加保扶 Carbosulfan	●		●							
馬拉松 Malathion			●		●					
礦物油 Petroleum oils										
福賽絕 Fosthiazate										
賽速安 Thiamethoxam										
亞特松 Pirimiphos-methyl		●	●							
益達胺 Imidacloprid			●							
因滅汀 Emamectin benzoate	●	●	●	●	●	●	●	●	●	●
氟芬隆 Flufenoxuron	●		●			●				
氟大滅 Flubendiamide	●	●	●	●	●					
亞滅培 Acetamiprid			●							
達特南 Dinotefuran										
大利松 Diazinon	●	●			●			●	●	●
依殺蟎 Etoxazole										
二福隆 Diflubenzuron	●	●	●	●	●	●		●	●	●
布芬淨 Buprofezin										
三氯松 Trichlorfon	●	●	●	●	●	●		●	●	●
賜諾殺 Spinosad	●	●	●	●						
聚乙醛 Metaldehyde										

害蟲種類

半翅目				介殼蟲類	鞘翅目			雙翅目	薊馬類	蟎蜱類		
粉蝨類	葉蟬類	蚜蟲類	椿象類	介殼蟲類	象鼻蟲類	金花蟲類	金龜子	潛蠅類	薊馬類	葉蟎類	寄生性線蟲類	蛞蝓類
	●	●										
		●	●	●		●			●			
	●	●	●			●		●	●	●		
	●								●			
●	●	●	●		●			●	●			
	●	●	●		●	●	●		●		●	
●	●	●		●		●			●	●		
		●		●						●		
											●	
●	●	●	●									
										●		
●	●								●			
										●		
●	●	●								●		
	●			●								
						●				●		
●				●								
									●			
												●

※ 編註：益達胺、賽速安、可尼丁、亞滅培、達特南、賽果培等皆屬於「類尼古丁農藥」，此種成分可能造成蜜蜂減少，建議少用或不用。

【其他的藥劑】

展著劑

以水稀釋藥劑製作藥液時，建議加入展著劑。展著劑能夠提高藥液在葉片和害蟲身體的附著力，使藥液不容易流失，也能夠在稀釋時，幫助有效成分均勻溶於水中。不論使用液劑、水懸劑或乳劑，防治效果都會更加穩定。

Surf-Ac 820（大利通）

成分	alcohol ethoxylate
劑型	液劑
廠商	青山貿易
特徵	展著劑幾乎可與所有的農藥混用，僅需添加極少量便足夠。可以讓噴灑的藥液均勻地附著在植物和害蟲上，除了提高藥劑的效果，也能夠防治被雨露沖刷所造成的耗損。

忌避劑

不會對植物造成直接的損害。忌避劑大致可分為兩大類，一種是用來防止害蟲靠近植物，另一種則是用來防止貓狗、老鼠等接近菜園和花圃。

貓狗忌避劑

成分	忌避性香料（柑橘類、肉桂類、水果類等）；消臭成分（芸香科植物、薔薇科植物、紫蘇科植物油等）
劑型	粒劑
廠商	中西化學工業
特徵	會散發貓狗討厭的氣味，藉此使其遠離。除了防止動物入侵庭園或花圃而造成植物損害，也能夠達到防止貓狗在此排泄的效果。只需靜置就能產生效用，回收也相當簡單。效果約可持續2～4週。

除草劑

用來促使雜草枯萎的藥劑。因為雜草容易成為病原菌的棲息處和害蟲的越冬地，所以不論是田地、庭院、花圃，都應該隨時將雜草清理乾淨。如果無暇清除雜草，使用除草劑很方便，但也有可能危及鄰近的植物，使用時不可不慎。使用前，必須將散布地點、散布方法、藥效持續時間等特性調查清楚，再依照目的選擇合適的除草劑，並且依照商品說明書正確使用。

伏寄普

成分	伏寄普（Fluazifop-P-butyl）
劑型	乳劑
廠商	萬歲（雋農）、尖草帥（雅飛）、金太歲（大成）、旺萬歲（法台）、新元帥（嘉濱）、興農元帥（興農）、農好萬帥（瑪斯德）等
特徵	適合大部分的闊葉作物，能有效防除禾本科雜草。落花生園、大豆園、甘藍園、番茄園、洋蔥園、西瓜園、鳳梨園等地作物為主要的適用對象。

肥料

對植物而言，肥料是不可或缺的養分。當得不到足夠的養分補充或無法順利吸收時，有可能會引起生理障礙，所以必須適時給予每一種植物適量的肥料。

農友牌 台肥1號生技蘭花肥

成分	氮素20、磷酐20、氧化鉀20
劑型	粉粒
廠商	台灣肥料股份有限公司
特徵	添加了植物最需要的肥料三要素「氮、磷、鉀」，能夠解決因營養不足所造成的生理障礙。用水按適當比例稀釋後即可使用，除了鹼性農藥外，可與大部分農藥混合施用。全部作物皆可使用，特別適合用於蘭花、盆花、果樹、草莓及溫網室等高經濟作物。

【有助防治害蟲的「天敵」益蟲】

所謂的天敵，意即以害蟲為食，以維持繁衍的生物。瓢蟲、草蛉和食蚜蠅等蟲類的幼蟲，都是蚜蟲類的天敵。有些寄生蜂則會入侵害蟲的幼蟲體內，以幼蟲為食的方式，達到消滅害蟲的目的。

另外，鳥、青蛙、蜘蛛、長腳蜂等也是會幫忙消滅害蟲的天敵。這幾年國內外皆有以人工繁殖的方式，大量繁殖出以葉蟎為食的「捕植蟎」，把它放養在溫室等處，藉此達到防治害蟲的效果。為了防治潛葉蠅和粉蝨，也有人出售寄生蜂。

正如上述，天敵在防治害蟲的效用也不斷進化。為了避免誤殺，請大家務必認清這些天敵的外型特徵；但如果天敵的數量過多，也必須適量散布藥劑，將數量控制得宜。這才是最有效的天敵利用之道。

異色瓢蟲，是常見的瓢蟲之一，會在蚜蟲的巢穴附近產卵。

異色瓢蟲的幼蟲，牠們是蚜蟲類的天敵。

食蚜蠅的幼蟲，也是蚜蟲類等害蟲的天敵。

食蚜蠅的成蟲。

螳螂，是蛾類幼蟲等害蟲的天敵。

作繭的小繭蜂，正從綠毛蟲的幼蟲體內離開。

捕捉蛾類的蜘蛛。

草蛉的成蟲，是蚜蟲類、粉蝨類、葉蟎類、蛾類卵的天敵。

植物的疾病

植物的害蟲

台灣廣廈 國際出版集團
Taiwan Mansion International Group

國家圖書館出版品預行編目資料

500張病症實境照！植物病蟲害防治全圖鑑 / 高橋孝文監修；藍嘉楹譯
-- 新北市：台灣廣廈，2017.05
　　面；　　公分. -- （生活風格系列；37）
　　ISBN 978-986-130-357-4（平裝）
　　1.植物病蟲害 2.農作物 3.栽培

433.4　　　　　　　　　　　　　　　　　　106003121

500張病症實境照！植物病蟲害防治全圖鑑
4大分類法速查，「蔬菜╳果樹╳花木╳觀葉」從預防到根治完全解析

監　　修／高橋孝文
攝　　影／アルスフォト企画
攝影協力／根本 久・高橋孝文・住友化学園芸（株）
　　　　　島根県農業技術センター
　　　　　長崎県農林技術開発センター
插　　畫／竹口睦郁
設　　計／西 由希子（スタジオダンク）
執筆協力／金田初代（アルスフォト企画）
編輯協力／帆風社

譯　　者／藍嘉楹
審　　定／吳鴻均
編輯中心／第一編輯室
編 輯 長／張秀環・編輯／許秀妃
封面設計・美術編輯／曾詩涵
內頁排版／菩薩蠻數位文化有限公司
製版・印刷・裝訂／東豪・弼聖・秉成

行企研發中心總監／陳冠蒨　　　線上學習中心總監／陳冠蒨
媒體公關組／陳柔彣　　　　　　數位營運組／顏佑婷
綜合業務組／何欣穎　　　　　　企製開發組／江季珊

發 行 人／江媛珍
法律顧問／第一國際法律事務所 余淑杏律師・北辰著作權事務所 蕭雄淋律師
出　　版／台灣廣廈有聲圖書有限公司
　　　　　地址：新北市235中和區中山路二段359巷7號2樓
　　　　　電話：（886）2-2225-5777・傳真：（886）2-2225-8052

代理印務・全球總經銷／知遠文化事業有限公司
　　　　　地址：新北市222深坑區北深路三段155巷25號5樓
　　　　　電話：（886）2-2664-8800・傳真：（886）2-2664-8801
郵 政 劃 撥／劃撥帳號：18836722
　　　　　劃撥戶名：知遠文化事業有限公司（※單次購書金額未達1000元，請另付70元郵資。）

■出版日期：2017年05月　　　■初版12刷：2023年04月
ISBN：978-986-130-357-4

SHASHIN DE SUGU WAKARU ANSHIN ANZEN
SHOKUBUTSU NO BYOGAICHU SHOJO TO FUSEGI KATA
© TAKAFUMI TAKAHASHI 2014
Originally published in Japan in 2014 by SEITO - SHA Co., Ltd., Tokyo.
Chinese translation rights arranged through TOHAN CORPORATION, TOKYO.
and KEIO CULTURAL ENTERPRISE CO., LTD.

不用跑遠，我家陽台也能輕鬆採果，
四季皆可欣賞開花又結果！
暨能綠化家庭、更可安心食用，
想吃什麼就種什麼！

樹苗、土壤、盆栽要怎麼選？
種植、施肥、澆水、除蟲害、整枝要注意什麼？
成功種植有準則！
就算第一次種，也能要瓜得瓜要果得果！
在家就能體驗用盆栽種出纍纍果實的喜悅，
專家才知道的種植祕訣無私分享，
就算生活在都市，也能享受種樹採果的樂趣！

作者： 大森直樹
出版日期：2015/04/30
定價：350元
ISBN：9789861302768

就算沒田沒地，
小小盆栽也能開心種菜！
陽台、玄關、窗邊……
自家種零農藥無污染，
一年四季天天現採現摘！

適合蔬菜生長的盆器怎麼挑？豐收位置怎麼選？
讓葉菜瓜果不生病、減少病蟲害的環境該怎麼打造？
就算是第一次種菜也不用擔心，
本書教你一步一步做好前置準備，
掌握蔬菜成長關鍵時程，
種出好菜不失手，開心迎接大豐收！

作者： 金田初代/著、金田洋一郎/攝影

出版日期：2015/08/07

定價：380元

ISBN：9789861302904